翡翠城市+：
中国城市规划设计减碳技术与效益

叶祖达　徐　伟　潘海啸　编著
宇恒可持续交通研究中心　编

中国建筑工业出版社

图书在版编目（CIP）数据

翡翠城市+：中国城市规划设计减碳技术与效益／
叶祖达，徐伟，潘海啸编著；宇恒可持续交通研究中心
编. --北京：中国建筑工业出版社，2025.5. -- ISBN
978-7-112-31046-3

Ⅰ. TU984.2

中国国家版本馆CIP数据核字第2025242H6N号

责任编辑：黄　翊
书籍设计：锋尚设计
责任校对：王　烨

参编人员
中国建筑科学研究院有限公司：张时聪　陈　曦　杨芯岩　王　珂
同济大学：崔靖婕　邱子娟　董　寰
宇恒可持续交通研究中心：王江燕　姜　洋　张元龄　陆　苹　谢云侠
　　　　　　　　　　　　　赵莎莎　王　琦　陈素平　池晓汐
能源基金会（美国）北京办事处：王志高　王　悦　朱丽锦
能源创新有限公司：孟　菲　张秀丽

翡翠城市+：中国城市规划设计减碳技术与效益
叶祖达　徐　伟　潘海啸　编著
宇恒可持续交通研究中心　编

＊

中国建筑工业出版社出版、发行（北京海淀三里河路9号）
各地新华书店、建筑书店经销
北京锋尚制版有限公司制版
天津裕同印刷有限公司印刷

＊

开本：880毫米×1230毫米　1/16　印张：11¼　字数：323千字
2025年6月第一版　　2025年6月第一次印刷
定价：**128.00**元
ISBN 978-7-112-31046-3
　　（44598）

前　言

凡是我们不能测量的，就注定无法真正治理[1]

在气候领域我们可以断言：凡是我们不能测量的，就注定无法真正治理。气候行动本质上是一场基于数据的科学治理——当我们提出城市规划设计决策与手段来控制城市规划建设领域带来的碳排放，努力迈向碳中和目标时，若我们无法量化碳排放源、碳足迹轨迹和减排效果，任何气候政策都可能沦为"无的之矢"。

迈向低碳未来：城市规划的挑战与机遇

在全球气候变化日益严峻的背景下，中国作为负责任大国，正积极推动"双碳"目标的实现。城市规划作为城市发展的蓝图，在减碳行动中扮演着至关重要的角色。然而，当前中国城市规划建设领域在低碳发展方面仍面临着诸多挑战。

首先，城市规划与城市设计管理领域在节能减碳方面的定量评估认识与能力普遍不足，导致减碳建议留在理论或大原则的阶段，难以有效融入具体规划决策和实践。

其次，行业缺乏清晰、客观的以减碳效应解释科学计量实证依据和定量分析具体减碳核算的参考案例，使得减碳目标的制定和评估缺乏科学依据。

上述的挑战导致城市规划设计决策者与工作者缺乏针对不同空间资源配置与设计建设方案的可衡量的减碳效益依据，难以在方案比选和决策过程中进行科学权衡，更在与不同行业论证减碳方案时往往力不从心。

本书汇集了空间规划、建筑、交通与城市基础建设领域的专家及相关研究成果，旨在为城市规划工作者提供一本基于应用的工具书，助力中国城市迈向"双碳"目标。本书以已出版的《翡翠城市：面向中国智慧绿色发展的规划指南》一书内容为基础，进行扩展和延伸，将低碳城市原则与标准和具体减碳效应说明相结合，进一步深化形成在城市应对碳排放领域有影响力的参考和应用报告。同时，本书对低碳城市原则与标准进行了定量化的深化演绎与补充，为低碳城市规划设计工作提供基础数据和关键技术。

本书不仅为城市规划、城市设计和建设管理决策在方案编制、方案实施等阶段提供科学、有力的说明和相关研究案例，更致力于将减碳目标整合到日常城市规划设计决策流程中，提升中国城市规划建设领域的工作水平。

希望本书能够成为每一位城市规划工作者案头的工具书，为构建绿色、低碳、可持续的城市未来贡献力量。

叶祖达

---

[1] 笔者这里借用管理学家彼得·德鲁克（Peter Drucker）在其著作中多次强调的观点："What gets measured gets managed."（"被衡量的东西才能被管理。"）

目　录

第二部分

从碳排放核算看低碳城市规划设计原则的应用

导语

翡翠城市：影响深远的实践指南

中国城市正处在高速发展阶段中，针对城市规划建设过程产生的问题，在能源基金会和能源创新有限公司的支持下，卡尔索普事务所、宇恒可持续交通研究中心和高觅（上海）建筑设计顾问有限公司合作，基于国内外低碳城市设计建设等领域的多年经验和案例分析，于2017年整理发布了《翡翠城市：面向中国智慧绿色发展的规划指南》一书。

《翡翠城市：面向中国智慧绿色发展的规划指南》结合了国际理念和中国的具体实践，提出了一套智慧绿色开发理念与原则体系，从城市总体规划、控制性详细规划、建筑及基础设施等多个维度展示了如何将中国的城市建设得更加美好。书中还结合国内外的最佳实践案例，对如何实施这些原则提供了实操指导，提出了"翡翠城市"的十项原则框架：

原则01：城市增长边界

紧凑型增长规划，保护自然生态、农业景观与文化遗址。

原则02：公共交通导向型开发

将人口集中在公共交通周边，开发适宜步行的混合用地街区。

原则03：混合用途

创建功能混合社区和片区，缩短出行距离。

原则04：小街区

建设密集街道网络，打造人性尺度的街区，优化步行、骑行和机动车交通流。

原则05：步行与自行车交通

打造适宜步行与自行车出行的环境，促进非机动化交通。

原则06：公共空间

提供人本尺度的，可达性高的市政配套设施、绿地和公园。

原则07：公共交通

公共交通须成为首选交通方式，而非第二必要选择。

原则08：小汽车控制

规范停车与道路使用，提高道路交通效率。

原则09：绿色建筑

执行最佳实践，减少建成环境对自然环境和人类健康的影响。

原则10：可持续基础设施

通过开发可再生能源、推广资源回收再利用、提高公共基础设施的效率等手段，减少能源消耗、用水量和垃圾数量。

"翡翠城市"提出的原则对我国的城市空间规划和城市设计发展产生了巨大的影响，在我国前中期城市化快速的城市建设与土地开发过程中，提出了一个完整和系统性的空间规划设计原则体系，并为每一个原则制定定量与定性标准，为中国城市规划、设计、建设等决策者提供了宝贵的理论和实践的依据。

"翡翠城市"理念反映在中央文件中

2016年，中共中央、国务院印发的《关于进一步加强城市规划建设管理工作的若干意见》提出"窄马路、密路网"的城市道路布局理念，印证了"翡翠城市"小街区原则在打造人本尺度城市中的重要作用；同时，"翡翠城市"中倡导的城市增长边界、混合用途、步行与自行车交通、公共空间、公共交通、绿色建筑和可持续基础设施等原则都在该文件中得到了充分体现。

2019年，《中共中央 国务院关于建立国土空间规划体系并监督实施的若干意见》将"翡翠城市"倡导的城市增长边界原则融入了国土空间规划的核心，即统筹划定"三区三线"（生态空间、农业空间、城镇空间及生态保护红线、永久基本农田、城镇开发边界），强化底线约束，为可持续发展预留空间。

2021年，中共中央、国务院印发的《国家综合立体交通网规划纲要》将"翡翠城市"倡导的公共交通导向型开发原则和与之呼应的"小街区、密路网"、步行与自行车交通、公共交通、小汽车控制等原则写入了构建现代化高质量国家综合立体交通网、建设交通强国的顶层战略。

"翡翠城市"原则融入城市国土空间总体规划

"翡翠城市"倡导的公共交通导向型开发、混合用途、小街区等相关指标被纳入《城市综合交通体系规划标准》《城市居住区规划设计标准》等13项相关国家标准，并在全国城市的相关规划中得以体现，融入率[1]约80%（其中二线及以上城市融入率达到85%，三四线城市融入率达到80%）。关键指标在落地实施层面也取得了全国范围的进展：城市增长边界全面划定；39个开通轨道交通的城市轨道交通站点覆盖人口比例由2016年的19%提高到2020年的30%；36个主要城市的道路网平均路网密度由2017年的5.9km/km²提高到2023年的6.5km/km²。

---

[1] 融入率：某个城市的法定规划中体现了"翡翠城市"十项原则中的八项原则，则融入率为80%。

应对"双碳"挑战

2020年9月，国家主席习近平在第七十五届联合国大会上宣布，中国力争2030年前二氧化碳排放达到峰值，努力争取2060年前实现碳中和目标。2021年，碳达峰碳中和工作领导小组第一次全体会议在北京召开。2021年10月，《中共中央 国务院关于完整准确全面贯彻新发展理念做好碳达峰碳中和工作的意见》印发，作为碳达峰碳中和"1+N"政策体系中的"1"，为碳达峰碳中和这项国家重大工作进行系统谋划、总体部署。

低碳、绿色城市规划和建设已不只是学术问题，也不仅仅是个别城市的试点项目，而是国家的政策，甚至是全人类面对气候变化的核心应对战略，并已融入我国法定规划体制。要通过城市规划建设管理控制气候变化，减低城镇化过程中产生的碳排放量，以维护生态平衡，我们需要科学的决策流程、方法、工具。

问题

中国提出的"双碳"国家战略倡导绿色、环保、低碳的生活方式，将加快降低碳排放步伐，引导绿色技术创新，提高产业和经济的全球竞争力。在这个任重道远的国家经济社会转型的大目标下，城市规划建设已承担重要的任务——城市空间规划与建设管理手段如何推动减碳目标的实现和带来具体的减碳效益？

我国城市规划建设工作已开始关注规划建设手段如何带动减碳效益。但实际上，目前中国城市规划与建设行业、管理单位、学术研究等领域都面临以下的问题：

- 城市规划与城市设计管理领域对于节能减碳方面的认识普遍不足；
- 城市规划设计研究与实践缺乏清晰客观的减碳效应解释依据和定量分析具体减碳核算的参考案例；
- 城市规划设计决策与工作者缺乏针对不同空间资源配置与设计建设方案的可衡量的减碳效益依据。

目的

以《翡翠城市：面向中国智慧绿色发展的规划指南》内容为基础，编写《翡翠城市+：中国城市规划设计减碳技术与效益》的目的包括：

- 说明"翡翠城市"原则与标准的具体减碳效益，在原书已有广泛影响力的基础上，进一步深化形成在城市应对碳排放领域有影响力的参考和应用报告；

- 对"翡翠城市"原则与标准进行定量化的深化演绎与补充，作为中国城市迈向"双碳"目标的低碳城市规划设计工作的基础和关键技术；

- 为城市规划、城市设计和建设管理决策的方案编制、实施等阶段提供有力、科学的说明和相关研究案例；

- 为业界和行业提供一本基于应用的工具书，为城市国土空间规划与建设管理工作者提供具有科学性、合理性及技术性的依据，协助其在决策过程中讨论不同空间与设计手段对碳排放的影响；

- 将减碳目标整合到日常城市规划设计决策流程中，提升中国城市规划建设领域的工作水平。

本书内容将会大力帮助城市规划建设行业的决策者真正了解城市规划设计项目在操作过程中对气候变化的可能影响，认识"翡翠城市"原则与标准的减碳效益，从而最终推动城市实现碳达峰碳中和的目标。

如何读本书

本书的主要内容包括两部分。

第一部分介绍城市规划设计碳排放核算的基础概念，包括温室气体的量度、碳排放基本核算方法、城市规划碳排放的核算框架、情景分析、碳排放边界等内容。建议读者针对自身对碳排放核算的不同基础，根据不同程度的需要挑选章节阅读、参考。

第二部分从碳排放核算看低碳城市规划设计原则的应用。这部分将《翡翠城市：面向中国智慧绿色发展的规划指南》中提出的十项原则，重新编排次序，对标了城市减碳的四个领域。

空间
原则01：城市增长边界
原则02：公共交通导向型开发
原则03：混合用途
原则04：小街区
原则05：公共空间

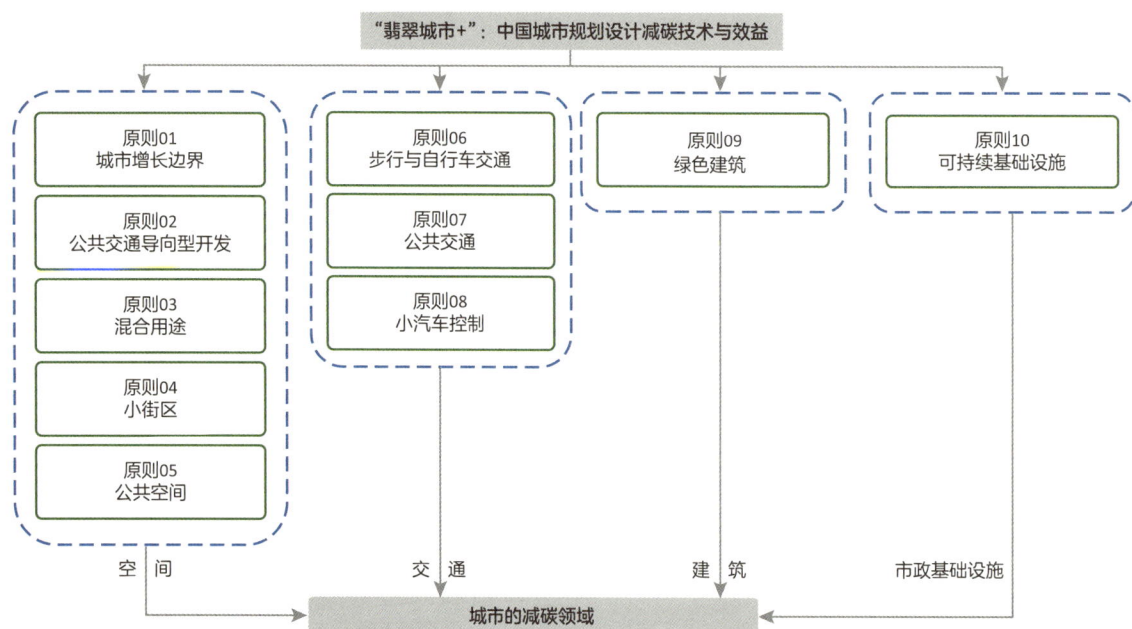

"翡翠城市+"十项原则对标城市减碳的四个领域

交通

原则06：步行与自行车交通

原则07：公共交通

原则08：小汽车控制

建筑

原则09：绿色建筑

市政基础设施

原则10：可持续基础设施

希望可以通过以上内容，进一步在量化分析减碳效益方面展开和补充《翡翠城市：面向中国智慧绿色发展的规划指南》一书内的低碳规划设计原则，或进一步提出原则和措施的补充内容。具体包括：

- 通过收集与梳理有关低碳城市规划建设的理念与方法等，建立一个"翡翠城市"原则与标准的低碳技术对标分析，说明"翡翠城市"原则在不同减碳领域的对接体系。

- 基于"翡翠城市"的整体框架和内容，对每一项原则和相关标准演绎对应的减碳技术与效应，**以现有数据或研究成果为基础，说明量化的减碳效益或有关方面的技术分析问题。**

- 提炼出基于"翡翠城市"原则与标准领域的实证、数据、借鉴案例，**建立一个系统性的、方便应用的"翡翠城市"低碳技术参考资料库。**

- **本书共阐述了约五十个案例和参考研究，简要介绍近年在有关的"翡翠城市"规划设计原则方面进行量化减碳效益分析的方法和成果，如有需要可深入研读相关参考文献。**

说明：本书所参考的文献在数据统计和分析方法上略有差异，为保证精确性，本书部分计量单位和数据表述与各项研究成果保持一致，并未完全统一。

第一部分

城市规划设计
碳排放核算的
基础概念

"自改革开放以来，我国各级城市的发展建设在取得巨大成就的同时，人们普遍提到，需要加强规划的科学性。但科学性在哪里？如何加强？往往不具体……但是这个事实必须予以承认：城市规划是一门学科……而科学是反映自然、社会、思维等内容的客观规律的分科知识体系"❶。

❶ 邹德慈. 论城市规划的科学性[J]. 城市规划，2003（2）: 77-79.

绿色低碳城市规划设计是低碳城镇化发展的关键环节，而绿色低碳理念的实施决策需要基于对其带来的碳排放效应的定量评价。

随着应对气候变化成为国家重点政策目标，我国对于碳排放清单、测算、评估与研究工作近年来愈发受到重视。但目前大量的研究集中在国家宏观经济层面，以城区为规划建设管理空间单元进行碳排放评估的研究和实践都相当缺乏，这影响了地方政府和规划师推动绿色低碳城市规划建设决策的科学性。我们见到部分冠名为低碳、绿色、生态的规划将主观作用于客观，流于理念而缺乏科学评价，产生了主观主义的偏向。

因此，在城区空间层面，规划师需要对碳排放核算的概念有基本认知，有能力科学、客观地分析、评估甚至批判不同规划设计方案的碳排放效应问题。

本部分把城市不同领域的碳排放核算基础概念与科学因果关系进行简要综述，协助读者理解后文中每一项原则的减碳分析方法。由于篇幅限制，本书只对基本的概念与核算基础进行简要介绍，如需对城区空间尺度的碳排放核算方法进一步了解，可以参考笔者和其他研究工作者的研究成果❶。

---

❶ 叶祖达，王静懿. 中国绿色生态城区规划建设：碳排放评估方法、数据、评价指南[M]. 北京：中国建筑工业出版社，2015.

第1章

温室气体排放的量度

碳排放核算是测算温室气体的排放量，虽然二氧化碳（CO_2）是最主要的温室气体，但温室气体并不只有二氧化碳。人类活动产生的6类主要温室气体包括：二氧化碳（CO_2）、甲烷（CH_4）、氧化亚氮（N_2O）、氢氟碳化合物（HFCs）、全氟碳化合物（PFCs）与六氟化硫（SF_6）。城市建设范围内的经济与社会活动带来的排放主要是二氧化碳（来自能源使用）与甲烷（来自废物处理），而农村的生产活动是氧化亚氮（来自化肥使用）排放的主要来源。因此，城区空间层面的碳排放核算主要是计算二氧化碳和甲烷的排放量。

建议以二氧化碳当量（CO_2e）为单位来描述温室气体的排放量。二氧化碳当量是指一种用作比较不同温室气体排放的量度单位。不同温室气体对地球温室效应的贡献度有所不同，其中二氧化碳是人类活动产生的主要温室气体。为了统一度量整体温室效应的结果，可以二氧化碳当量为度量温室效应的基本单位。这样做可以构造统一口径的框架，以便对减排各种温室气体所获得的相对利益进行定量研究。一种气体的二氧化碳当量为这种气体的吨数乘以其产生温室效应的指数GWP。

什么是GWP？

GWP是"全球变暖潜能值"（Global Warming Potential）的缩写。它是一个相对的指数，用来评价温室气体在未来一定时间的破坏能力，通常以20年、100年、500年为时限来衡量。通过自然的分解破坏机制，温室气体在大气中的浓度会逐年降低，同时其温室效应能力也一并减弱，但不同温室气体在大气中存留的时间长短不一。按照惯例，以二氧化碳的GWP为1，其余气体和相同质量二氧化碳比较之下，造成全球变暖的相对能力为该气体GWP。其余温室气体的GWP一般远大于二氧化碳，但它们在空气中的含量相对较少。例如根据《联合国气候变化框架公约》，在100年中，减少1t甲烷排放就相当于减少了21t二氧化碳排放，即甲烷的GWP为21，1t甲烷的二氧化碳当量是21t，而氧化亚氮的GWP为296，则1t氧化亚氮的二氧化碳当量就是296t。有关GWP的最新核算参数，可以参考IPCC的相关报告。

第2章
碳排放核算方法框架

什么是《IPCC指南》?

《IPCC国家温室气体清单指南》(简称《IPCC指南》)由联合国政府间气候变化专门委员会(Intergovernmental Panel on Climate Change, IPCC)编制,为《联合国气候变化框架公约》提供支持。联合国政府间气候变化专门委员会是由世界气象组织(WMO)及联合国环境规划署(UNEP)共同建立的组织,其主要任务是研究气候变化的现状及其对社会、经济的潜在影响,并对适应和减缓气候变化的策略进行评估。编制《IPCC指南》是该组织的工作之一。

2006年出版的《IPCC指南》中建议的碳排放核算方法是目前在国家层面应用最广泛的方法框架,主要用于国家每年度量温室气体的排放量。它把温室气体排放和清除活动分为五大类:能源使用、工业过程、农业/林业/其他土地利用、废物处理和其他(包括少量大气氮沉积的一氧化二氮间接排放)。IPCC在2019年对2006年版本作了部分修改。

《IPCC指南》提出的碳排放核算方法理论上是可以在不同的空间尺度直接加以应用的。五大类活动基本包含了区域或城市空间内主要的经济社会活动,在编制城市的温室气体排放清单时,只要按IPCC的分类对城市内的有关活动作出量度,再与适合的温室气体排放因子相乘,就可以得到该种温室气体的排放和清除量,从而确定净排放量。把每种温室气体的排放量和清除量加和便是城市的总排放量。《IPCC指南》为不同地区间提供了口径基本统一的可比较的碳排放核算方法。

碳排放核算的基本方法

《IPCC指南》提出的碳排放核算基本方法得到了广泛采用,也为其他组织和研究后来建立的不同体系与行业的碳排放核算方法订立了一个基础框架。

该方法把有关的活动量(Activity Data,AD)乘以碳排放因子(Emission Factors,EF),如以下公式:

$$E = AD \cdot EF$$

式中：E——碳排放量；

$\quad\quad AD$——活动量；

$\quad\quad EF$——碳排放因子。

低碳城市规划与设计原则与空间、交通、建筑、市政等领域内产生的活动量（AD）水平相关，通过不同手段减低活动量，都可以产生潜在的减碳效益。由于传统城市规划方法研究在量度碳排放方面的成果比较少，要建立一个适合城市规划编制流程的碳排放评估方法，可以参考能源规划研究领域的工具，将其调整为适合城市规划管理的方法。

然而，虽然《IPCC指南》的基本公式可以应用到城市规划领域，但其分类方法不一定适合直接套用到城区空间层面的碳排放核算中。《IPCC指南》中排放量和清除量的估算主要包括五大类，分别是能源使用、工业过程、农业/林业/其他土地利用、废物处理和其他。但这个清单的内容分类框架如果应用在城区空间层面，会产生因为尺度不同和活动量内涵不同的几个需要留意的问题：

- 除非城区的范围包括农业生活或生产活动，否则可以预计城区范围内为建设用地，没有农业或林业活动，因此"农业/林业/其他土地利用"部分在一般情况下并不适用。其相关碳汇部分主要通过城区的公共绿地空间产生。

- 由于城区以服务业为主要产业，除非城区的范围内包括工业生产活动，否则"工业过程"的活动也会相对较少，不会成为量度碳排放量的主要源头。

- 实际上城区的大部分碳排放预计集中在建筑能源的使用与交通出行，再加上市政服务和设施，如供水、污水处理与废弃物的处理过程，这些都成为城市规划设计手段碳排放评估的主要内容。

城区规划设计使用的碳排放因子（EF）数据（包括如建筑能耗、交通燃料、电力/热力、植被、生态等）可以从不同的国家、城市、行业、实证研究等获取，本书不作展开论述，可以参考笔者其他著作[1]。

"翡翠城市"原则与城市规划设计碳排放核算内的主要活动量类别对标图

---

❶ 叶祖达，王静懿. 中国绿色生态城区规划建设：碳排放评估方法、数据、评价指南[M]. 北京：中国建筑工业出版社，2015.

城市规划碳排放的活动量和核算

通过梳理有关低碳城市规划建设的理念与方法等，可以建立一个"翡翠城市"原则与城市规划设计手段碳排放核算内的主要活动量类别对标，说明"翡翠城市"原则在不同减碳领域如何影响不同的活动量，从而系统地说明相关减碳效应的因果关系。本书后文讨论每一个原则与相关措施时会进一步解读具体每一个原则的对标活动量类别。

综述上面的讨论，城市规划设计原则的碳排放评估方法可以进一步分解到包括以下主要评估的活动量，再通过应用有关的碳排放因子（EF），就可以对不同方案进行核算量化工作。

从城区综合整体碳排放量核算来看，城区净碳排放量是总碳排放量减去总碳汇[1]量得到碳排放量净值。公式为：

$$C = \sum_i A_{e_i} \cdot e_i + W \cdot e_w - A_g \cdot e_g$$

式中：C —— 城区每年的净碳排放量，单位：tCO_2e/a；

A_{e_i} —— 第i类碳排放活动量，以能耗表达（$i=1$，…，6；1＝新建建筑，2＝既有建筑，3＝交通，4＝工业，5＝水资源，6＝道路设施）[2]；

e_i —— 第i类碳排放活动的碳排放因子；

W —— 废弃物填埋量，单位：m^3；

e_w —— 废弃物填埋碳排放因子，单位：$tCO_2e/(m^3 \cdot a)$；

A_g —— 城区内绿地面积，单位：hm^2；

e_g —— 绿地碳汇因子，单位：$tCO_2e/(hm^2 \cdot a)$。

城区碳排放评估相关活动量/规划设计手段参考[3]

温室气体排放/清除/替代类别	活动量（AD）内容	主要规划建设管理政策与手段
城市绿地空间	各类城市公共绿地面积、绿地率、绿地空间规划	城市绿地碳汇功能提升
工业生产	工业产值、工业生产能耗	生态工业生产、区域循环经济、产业结构调整
新建建筑	新建民用建筑（居住、公共建筑）面积、单位面积能耗、能耗结构	建筑节能减排、绿色建筑认证比例
既有建筑	既有民用建筑（居住、公共建筑）面积、单位面积能耗、能耗结构	既有建筑节能改造
道路设施	道路照明	道路管理节能减排
水资源	自来水供应量、中水供应量、污水处理量	节水、非传统水利用、污水处理
废弃物	废物处理分类分量（填埋、焚烧、堆肥）、能源回收量	生活废物回收再利用、绿色建材
交通	城市客运量（公交、非公交出行、步行）	绿色出行、公共交通导向城市发展
可再生能源	可再生能源使用量	集中式可再生能源利用、建筑一体化可再生能源利用

---

[1] "汇"是指从大气中清除温室气体、气溶胶或温室气体前体的任何过程、活动或机制。由于温室气体通常用二氧化碳当量来衡量，因此也称之为"碳汇"。

[2] 可以按不同能源类别分为：耗电量，单位：（kW·h/a）；耗气量，单位：Nm³/a；耗汽油/柴油量，单位：L/a；能耗标煤量，单位：tce/a等。

[3] 叶祖达，王静懿. 中国绿色生态城区规划建设：碳排放评估方法、数据、评价指南[M]. 北京：中国建筑工业出版社，2015.

情景分析的应用

碳排放核算一般以一年为周期。碳排放核算不仅是为了得到碳排放量的值,它更是一个规划建设管理工具:可以通过对不同的城区规划方案或建设要求的分析(比如应用不同组合和不同强度的"翡翠城市+"措施)得到不同减排手段带来的减排绩效,并用以指导规划方案的编制或建设管理决策(例如规划方案的节能减排技术与手段应用、规划的低碳指标体系和指标值、建筑节能设计要求、绿色建筑比例要求等),使低碳城区规划建设和解读不同"翡翠城市+"措施实施效应可以有科学、客观、定量的评估依据。

本书建议把情景分析方法应用在不同规划建设管理决策的分析、比较中,提高低碳城区规划内容的科学性与客观性。情景通常都会被界定在一个或多个年份。建议的情景应用可以包括两种方式:

应用1:对于现有城区而言,除了对其现状碳排放量进行估算,对碳排放量和排放源头作出分析外,还可以进一步应用情景分析工具,将现有城区的活动作为基准情景,将城区改造方案设定为低碳情景(可以设置不止一个低碳情景)。分析不同的低碳改造方案(或城区重建的规划方案)可以产生的减碳效益,并对不同的建设手段作出分析,从而协助规划建设决策。

应用2:对于新建城区的规划建设,应用情景分析工具可以分析比较不同低碳城区规划方案和建设措施所实现的碳减排,以指导规划方案的修订和优化。可以将按照常规规划建设要求建设的城区设置为常规情景,而将含有不同节能减排手段的方案设置为低碳情景(同样地,可以设置不止一个低碳情景)。

碳排放边界的考虑

城区内的建筑排放、跨边界的交通排放、资源消费和处理带来的上下游排放,都是以位于城区内产生排放的终端消费位置为导向的温室气体排放。正如上述所指出的,排放的具体位置不一定是在城区的范围内。为了明确排放端的位置,可以参考世界资源研究所(WRI)的边界和根据排放点位置界定的"范围"概念(范围1、范围2、范围3)。

在城区空间尺度,可以把相关的范围界定应用在城市规划的空间上,使规划边界与范围概念对接,更进一步说明空间范围内的碳排放评估边界包括范围1、范围2及部分范围3。

范围1:城区空间内的活动需求带动且在城区范围内排放的温室气体。在城区内带动排放的经济与社会空间活动主要包括建筑、交通、工业三类,还包括植林产生的固碳效应和可再生能源利用的替代效应等其他活动。这些活动直接产生的碳排放量和碳汇量计入范围1。例如城区内的建筑有自我供应的发电或发热设施,此类设施使用化石能源就地产生碳排放。由于这些活动直接耗能且排放也是直接产生在城区范围内,其排放量计入范围1。

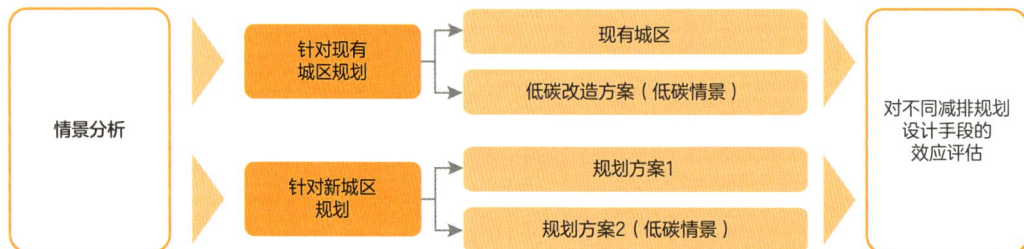

低碳城市规划设计减碳量分析的情景应用

范围2：城区空间内的活动需求使用电力，由城区边界外的发电设备供应所产生的排放。城区内的活动会产生电力需求，而为满足这些电力需求所进行的电力生产设备可以设在城区外。这一部分电力需求通过燃烧化石能源产生的碳排放在城区边界外发生，此类排放量计入范围2。这个范围的界定主要是把城区内通过主电网提供的电力独立测算，反映了目前城市供电为主要的碳排放源头，也体现了一般电力的供应和发电的能源结构决策不在城区的管理范围内的现实。

范围3：包括城区内需求活动带来的排放，而排放源头位于城区边界外。除了范围2的电力供应，城区还有其他活动的碳排放源头位于城区边界外。比如，城区的供暖需求如果是通过城区外的区域供热中心提供，区域供热中心在生产热力时排放的二氧化碳则无法计入范围1。因此，由于城区空间的特点（由于城区规模的局限，不一定把所有的市政基础设施都设置在区内），大部分与市政基础设施运作有关的碳排放均计入范围3。范围3的另一部分是城区消耗的资源、物质等的生命周期的碳排放。

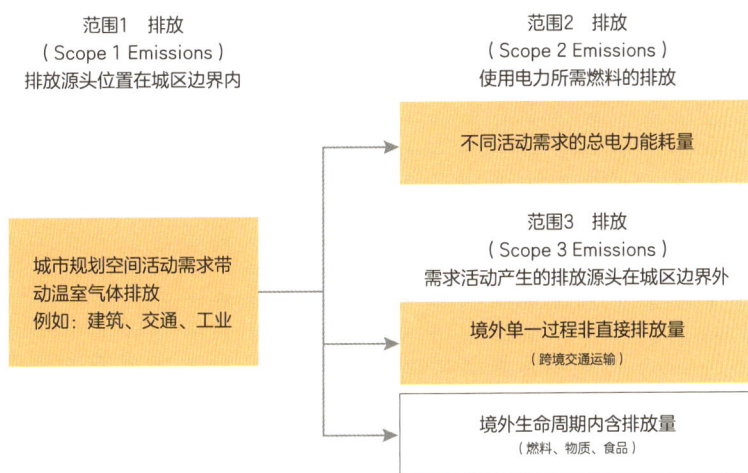

应用到城区空间的碳排放边界和范围界定

正体表示"排放"，斜体代表"减除"

在不同边界与范围内的减碳活动量

第二部分

从碳排放核算
看低碳城市规划
设计原则的应用

空 间

　　"翡翠城市"原则、目标与措施中有5个与建设低碳空间规划有关，分别是：城市增长边界、公共交通导向型开发、混合用途、小街区、公共空间。这5个低碳空间手段对城市的减碳效果体现在改变城市碳排放活动量水平，从而产生减碳效益。受影响的城市碳排放活动量主要包括：建筑面积、建筑能耗量、出行量、出行方式/距离、出行燃料量、废弃物量、废弃物能耗/排放量、供水/排水量、水资源能耗量、污水量、污水能耗/排放量、绿地空间面积、城市绿地植被固碳量。

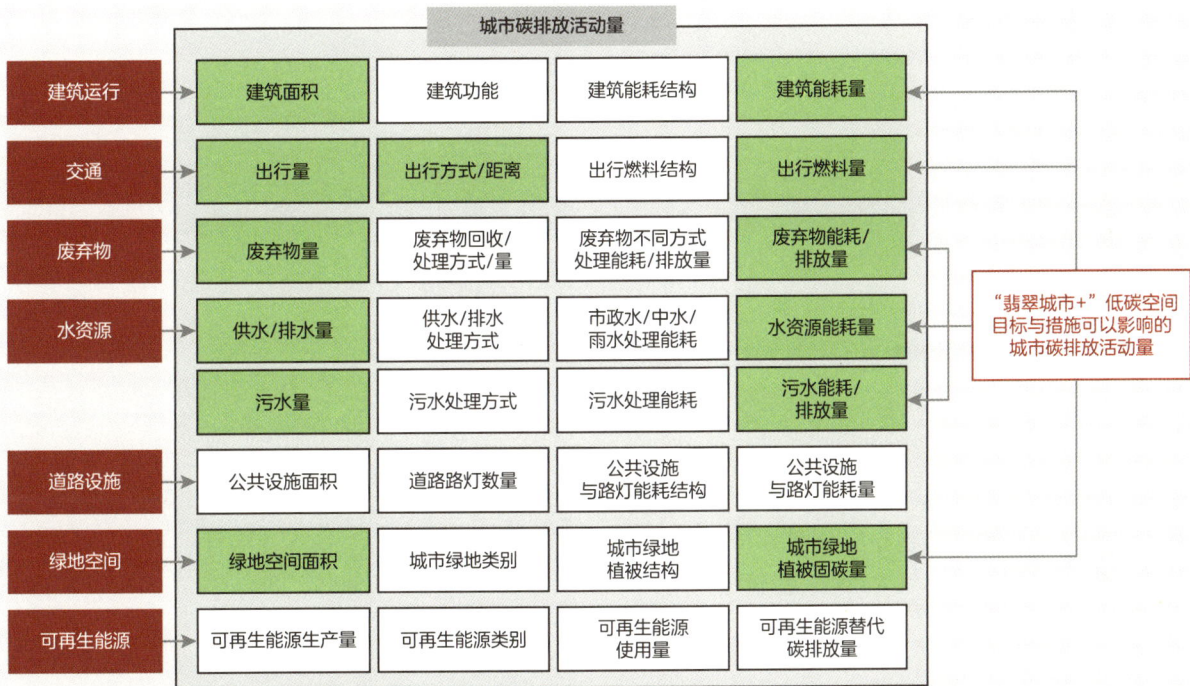

城市碳排放活动量			
建筑运行 →	建筑面积	建筑功能	建筑能耗结构	建筑能耗量
交通 →	出行量	出行方式/距离	出行燃料结构	出行燃料量
废弃物 →	废弃物量	废弃物回收/处理方式/量	废弃物不同方式处理能耗/排放量	废弃物能耗/排放量
水资源 →	供水/排水量	供水/排水处理方式	市政水/中水/雨水处理能耗	水资源能耗量
	污水量	污水处理方式	污水处理能耗	污水能耗/排放量
道路设施 →	公共设施面积	道路路灯数量	公共设施与路灯能耗结构	公共设施与路灯能耗量
绿地空间 →	绿地空间面积	城市绿地类别	城市绿地植被结构	城市绿地植被固碳量
可再生能源 →	可再生能源生产量	可再生能源类别	可再生能源使用量	可再生能源替代碳排放量

"翡翠城市+" 低碳空间目标与措施可以影响的城市碳排放活动量

低碳空间目标与碳排放核算的活动量关系

以下部分将阐述《翡翠城市：面向中国智慧绿色发展的规划指南》一书中的5个目标和相关措施，在此基础上解读有关定量核算的主要考虑。最后，以相关研究和案例进一步说明这些原则、目标和措施具体如何应用在实际分析工作中。

第3章

城市增长边界

紧凑型增长规划，保护自然生态、农业景观与文化遗址

3.1 原理

  "城市增长边界作为一种规划工具，旨在实现紧凑发展，保护耕地与环境资产，同时缩短通勤距离，推广公共交通、步行与骑行。城市增长边界能够防止无序扩张，保护农业用地，减少交通问题，抑制空气污染。紧凑发展可以提高公共基础设施的效能。这一策略能够提高建成环境的价值，并降低住房与交通成本，应该作为各城市总体规划中不可或缺的要素"❶。

有哪些关于"城市开发边界"的政策文件?

  2016年，中共中央、国务院发布《关于进一步加强城市规划建设管理工作的若干意见》，要求加强空间开发管制，**划定城市开发边界**，根据资源禀赋和环境承载能力，引导调控城市规模，优化城市空间布局和形态功能，**确定城市建设约束性指标**，从国家层面提出政策要求。

  2020年，自然资源部发布《市级国土空间总体规划编制指南》（试行），要求落实上位国土空间规划确定的生态保护红线、永久基本农田、城镇开发边界等划定要求，统筹划定"三条控制线"。随后，各大城市均在总体规划中提出城市开发边界有关要求。

  在市级层面，例如《上海市国土空间近期规划（2021—2025年）》要求，构建生态和谐自然、乡村有机舒朗、城镇紧凑集约的城乡空间格局……遏制中心城周边用地低效无序蔓延，促进城镇空间组团化布局，引导主城片区分类发展。

---

❶ 卡尔索普事务所，宇恒可持续交通研究中心，高觅工程顾问公司. 翡翠城市：面向中国智慧绿色发展的规划指南[M]. 北京：中国建筑工业出版社，2017.

《深圳市国土空间总体规划（2021—2035年）》提出，在优先划定耕地和永久基本农田、生态保护红线的基础上，避让自然灾害高风险区域，结合人口变化趋势和存量建设用地状况，合理划定城镇开发边界，引导形成集约紧凑的城镇空间格局。全市划定城镇开发边界1130.74km²，约占陆域面积的58%。

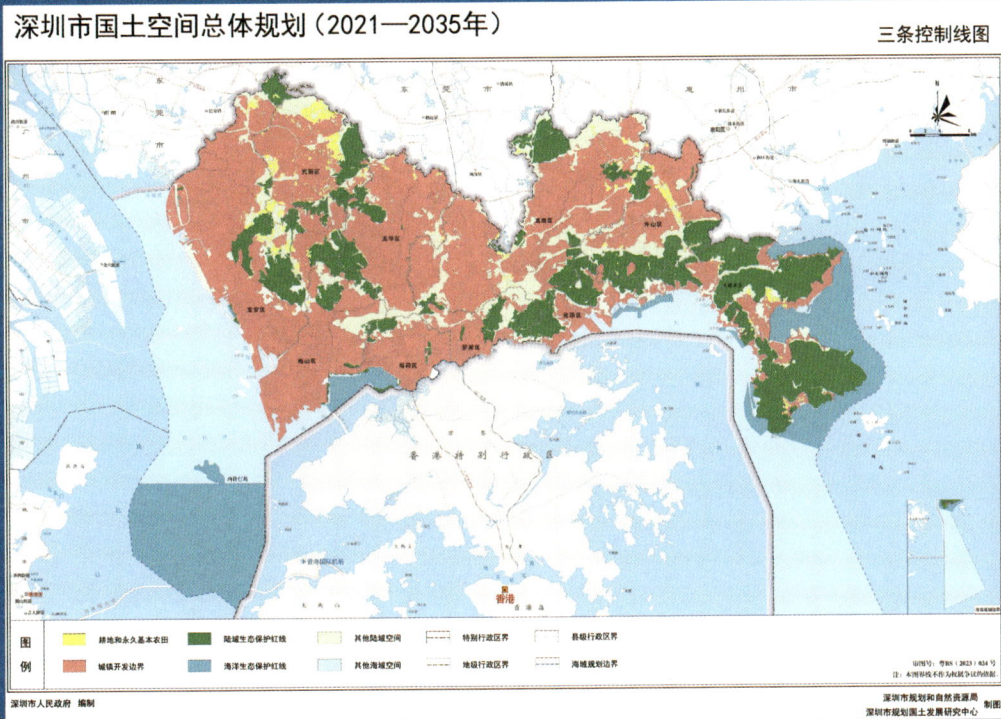

深圳市三条控制线图
来源：《深圳市国土空间总体规划（2021—2035年）》
https://www.sz.gov.cn/zfgb/2025/gb1362/content/post_12008582.html.

3.2 规划设计目标与措施

第二部分 从碳排放核算看低碳城市规划设计原则的应用

城市增长边界能够防止无序扩张，保护农业用地，减少交通问题，抑制空气污染。紧凑发展可以提高公共基础设施的效能。这一策略能够提高建成环境的价值，并降低住房与交通成本，应该作为各城市总体规划中不可或缺的要素。

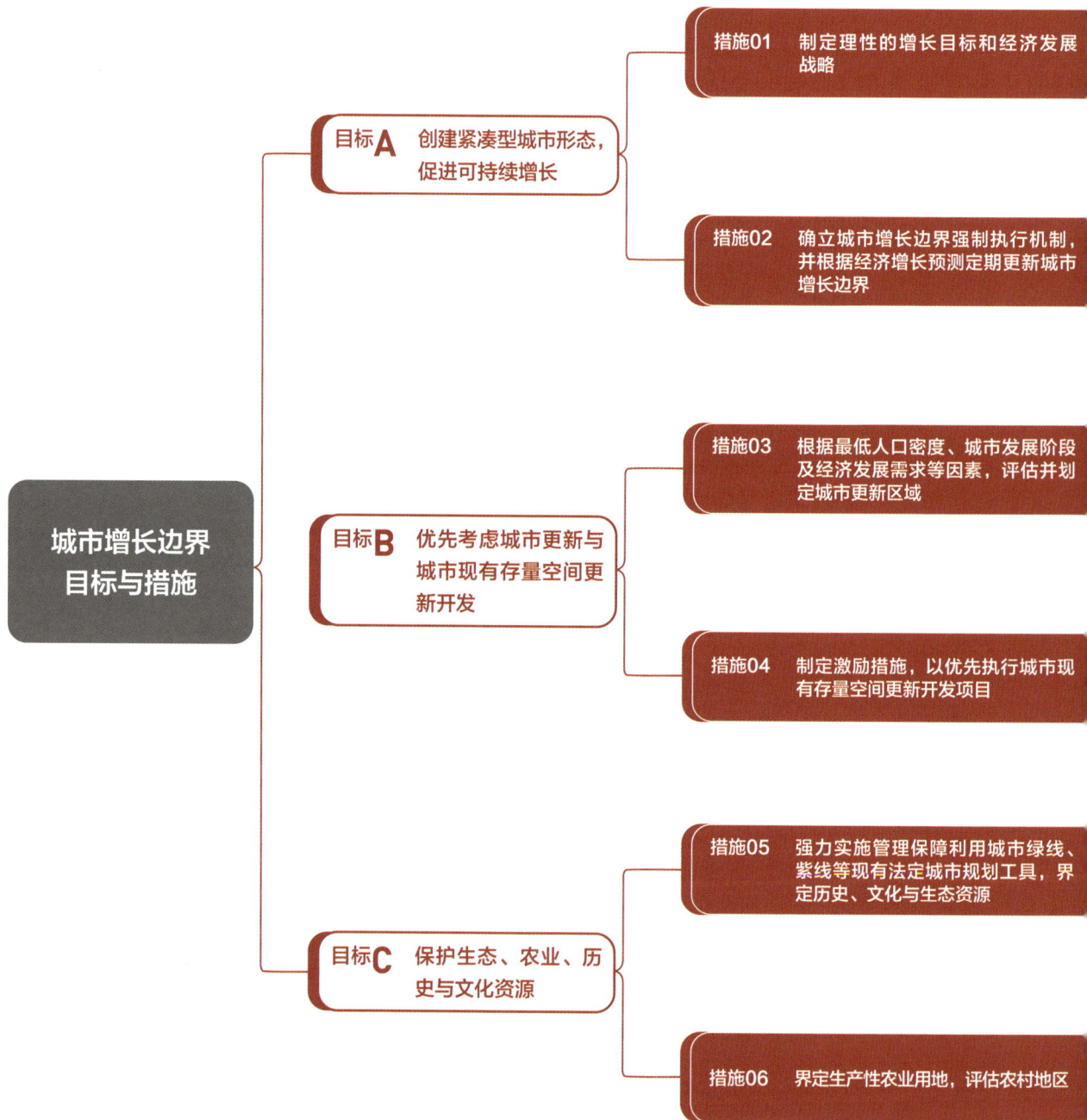

城市增长边界目标与措施

目标A 创建紧凑型城市形态，促进可持续增长

措施01 制定理性的增长目标和经济发展战略

措施02 确立城市增长边界强制执行机制，并根据经济增长预测定期更新城市增长边界

目标B 优先考虑城市更新与城市现有存量空间更新开发

措施03 根据最低人口密度、城市发展阶段及经济发展需求等因素，评估并划定城市更新区域

措施04 制定激励措施，以优先执行城市现有存量空间更新开发项目

目标C 保护生态、农业、历史与文化资源

措施05 强力实施管理保障利用城市绿线、紫线等现有法定城市规划工具，界定历史、文化与生态资源

措施06 界定生产性农业用地，评估农村地区

城市增长边界目标与措施

◎ 必须划定、定期更新和强制执行城市增长边界控制线，将理性增长速度作为确定城市用地需求的基础。

◎ 切实有效的城市增长边界必须依据现实、合理的人口增长预测和经济发展速度。

◎ 确定存量空间开发区域和新的增长区域。这些区域应邻近现有开发区域，并沿合理的环路、公共交通和基础设施控制线扩张。

◎ 总体规划由具有规划编制资质的专业编制机构负责制定，规划局实施管理、进行审议。城市增长边界已被纳入城市总体规划编制与管理要求，但需要增强地方不同层次规划管理单位通过法定权力对城市增长边界的执行力度，并刚性规定更新、检测和修改时间表。

◎ 基于城市的长期发展愿景与目标确定相关开发区域，优先在城市现有存量空间内进行城市更新开发，满足增长需求并修复城市肌理。

◎ 科学预测未来城市增长或收缩情景、土地建设密度效率、最低人口密度、城市社会结构改变及经济发展转型需求，支撑发展空间与建设用地预算的制定。

◎ 探讨城市现有存量空间更新开发项目政策与财务激励手段，包括：政府延长土地获取款项的最终支付期限、为拆迁安置提供支持、帮助开发者省下部分贷款利息、容积率补贴等。从而向建设单位提供帮助，并提高整体人口密度，加强对土地资源的保护。

◎ 提供有关激励政策，照顾现有居民与项目周边居民、小商户的诉求与合理利益和权利。

◎ 利用城市绿线、紫线等法定城市规划工具，明确边界内的受保护土地、对保护生态系统与野生动植物走廊的整体性处理和历史文化资源。

◎ 在城市增长边界范围内，用绿色空间隔离形成开放空间和水体保护带。

◎ 严格保护下列基本农田保护区：经国务院有关主管部门批准确定的粮、棉、油生产基地内的耕地；水利与水土保持设施良好的耕地，正在实施改造计划以及可以改造的中、低产田；蔬菜生产基地；农业科研、教学试验田。

◎ 在编制不同尺度的规划时，都应当将基本农田保护作为规划的一项明确内容，明确基本农田保护的空间范围与布局安排、数量指标和质量要求。

3.3 减碳效益分析

要了解总体规划中对城市增长边界的划定如何影响城市整体碳排放量水平，需要从两个核心概念作出梳理和分析：

- 城市发展建设规模与整体碳排放量的关系；
- 温室气体排放清单基本公式应用在城市总体规划的问题。

城市规模与碳排放量的关系

国土空间规划中城市总体规划预测的发展建设规模，需要依靠科学合理地划定城市增长边界作为依据。

要对城市总体规划的未来发展建设规模作出有效的碳排放评估，首先要了解城市总体规划内哪些规划建设内涵是碳排放的主要驱动要素。从理论角度分析，可以将著名的Kaya恒等式作为对国土空间规划中城市总体规划的整体分析框架[1]。

Kaya恒等式基本公式指出，驱动碳排放的基本因素为：

$$C = \frac{C}{E} \cdot \frac{E}{GDP} \cdot \frac{GDP}{P} \cdot P$$

式中：C——碳排放量；

$\quad E$——能耗总量；

$\quad GDP$——国内生产总值；

$\quad P$——国内人口总量。

目前已有研究把Kaya恒等式应用到城市层面的碳排放量估算，但相关研究并不是以城市总体规划中的国土空间与建设用地为碳排放控制管理对象[2]。Kaya恒等式中的因数都与城市空间发展建设规模有直接关系：

C/E——能源的碳排放强度；

E/GDP——单位国内生产总值的能耗强度；

GDP/P——人均国内生产总值；

$\quad P$——人口规模。

Kaya恒等式的一侧为二氧化碳排放量，另一侧将主要排放驱动力分为多个乘法因子。因此，根据Kaya恒等式，碳排放量主要有三个驱动要素：

什么是Kaya恒等式？

20世纪80年代以来，国内外许多研究人员相继开发模型用以定量分析二氧化碳排放，帮助各个国家或地区制定相应的气候政策以及能源政策。

Kaya恒等式是其中应用最广的模型之一，于1989年由日本的Yoichi Kaya教授在IPCC的一次研讨会上最先提出。Kaya恒等式通过一种简单的数学公式将经济、政策和人口等因子与人类活动产生的二氧化碳建立起联系。

---

[1] YOICHI K. Impact of carbon dioxide emission control on GNP growth: interpretation of proposed scenarios[R]. Paris: IPCC Energy and Industry Subgroup, Response Strategies Working Group, 1989.

[2] 袁路，潘家华．KAYA恒等式的碳排放驱动因素分解及其政策含义的局限性[J]．气候变化研究进展，2013（5）：210-215.

- 碳排放强度；
- 能源使用强度/效率；
- 城市发展水平和人口规模。

这些排放驱动力因素可以进一步深化，应用在国土空间规划管理体系中，与城市总体规划有关的内容对接，建立总体规划层面的碳排放控制的规划管理原则。

下表对Kaya恒等式理论的排放驱动力与建议城市总体规划对应的内容进行梳理，再说明总体规划内可以应用的控制碳排放的政策与手段，从而界定总体规划碳排放评估需要测算的相关主要活动量数据，作为建立总体规划碳排放评估模型的基础[1]。

表中，将Kaya恒等式的三类驱动力因子分解（A），再配置到城市总体规划的相对内容（B），提供了一套方法，把宏观温室气体排放清单内的排放驱动力延伸到总体规划中，再依据总体规划内容建立一套控制碳排放的规划建设管理政策和手段（C），其中包括城市增长边界的划定。

值得注意的是，从理论角度来看，Kaya恒等式没有计入非能源利用活动产生的温室气体排放和通过植被产生的碳清除（Carbon Removal），这使得其只能计算与能源活动相关的排放，但无法衡量通过非能源利用方式产生的效果，如农林业用地带来的温室气体排放和碳移除的影响[2]。本书在公共空间规划原则一章中对此会进一步讨论。

Kaya恒等式与总体规划内容的对接

A. Kaya恒等式驱动力因子	B. 相关的总体规划主要内容	C. 与城市增长边界有关的控制碳排放政策与手段
能源碳排放强度（C/E）	城市的能源碳排放强度取决于城市利用不同能源种类（化石、可再生、清洁能源）的比例结构。在总体规划内的相关内容为： • 市域能源资源； • 城市能源基础设施； • 城市交通发展战略	• 城市整体能源规划建设提升可再生能源比例； • 市域可再生能源的资源保护与利用； • 城市可再生能源利用； • 汽车交通出行燃料（新能源、清洁能源）利用
能源使用强度（E/GDP）/效率（E/P）	城市的能源使用效率决定于城市不同社会与经济活动终端能源消费的节能效率（单位国内生产总值能耗与人均能耗）。在总体规划内的相关内容为： • 市域城乡统筹发展； • 市域人口与职能； • 市域交通发展策略； • 城市职能、性质； • 城市空间布局方案； • 建设标准； • 城市基础设施与公共服务设施	• 城市建设用地整体能耗效率提升； • 城市公共交通导向开发； • 低碳产业发展与清洁生产； • 绿色交通出行； • 水资源管理建设标准； • 绿色市政建设标准； • 建筑节能建设标准
城市发展水平（GDP）、人口规模（P）与能源利用规模（E）	城市发展规模是碳排放量的重要基本要素（经济发展水平、人口和相关能耗）。在总体规划内的相关内容为： • 城市发展目标； • 市域总人口及城镇化水平； • 城市人口规模； • 中心城区空间增长边界； • 建设用地规模和建设用地范围	• 划定合理城市增长边界； • 城市发展建设用地面积、规模、开发强度和总量控制； • 城市人口总量控制； • 城市建设用地规模控制； • 一定城市规模下产生的建筑、交通出行、资源、市政、绿地空间的控制

---

❶ 叶祖达. 低碳城镇化对总体规划的要求[J]. 北京规划建设，2014（5）：22-27.
❷ 叶祖达. 建立低碳城市规划工具——城乡生态绿地空间碳汇功能评估模型[J]. 城市规划，2011（2）：32-38.

温室气体清单应用在总体规划中的问题

国家温室气体清单是以《IPCC国家温室气体清单指南》方法为框架，是碳排放量计算方法与标准的基础框架。它主要把有关的活动量（AD）乘以碳排放因子（EF）。活动量与排放系数是测算温室气体排放包括二氧化碳排放量的基本公式[1]。

$$E = AD \cdot EF$$

式中：E——碳排放量；

AD——活动量（国家温室气体清单主要包括：能源使用、工业过程、农业/林业/其他土地利用、废物处理和其他）；

EF——碳排放因子（单位活动量排放的气体量）。

国家温室气体清单中排放量和清除量的分类主要包括五大类，分别是能源使用、工业过程处理、农业/林业/其他土地利用、废物处理和其他。但国家温室气体清单的分类方法不一定适合直接应用到总体规划的碳排放评估，需要根据城市总体规划的主要内容和活动量内涵进一步梳理、调整评估方法，才可以有效地反映出总体规划作为城市规划建设管理的法定功能。其中包括：

- **市域空间与建设布局**：市域城乡统筹发展战略；确定生态环境、土地和水资源、能源、自然和历史文化遗产保护要求；预测市域总人口及城镇化水平，确定各城镇人口规模、职能分工、空间布局方案和建设标准；原则确定市域交通发展策略。
- **城市总体规划空间与建设规模**：分析城市职能，提出城市性质和发展目标；提出禁建区、限建区、适建区范围；预测城市人口规

模；研究中心城区空间增长边界，提出建设用地规模和建设用地范围。

- **基础设施建设**：提出交通发展战略及主要对外交通设施布局原则；提出重大基础设施和公共服务设施的发展目标；提出建立综合防灾体系的原则和建设方针。

要有效地将碳排放评估方法整合到总体规划的编制、实施与管理中，有必要根据总体规划的分类和深度来界定碳排放评估模型中的活动量。然而，目前城市层面的温室气体排放清单计算主要基于IPCC的五类活动量，未能有效地与总体规划内容对接并纳入法定总体规划体制，从而影响了相关理念的实践和目标的认受性。

可以根据规划内容中的建设规模、能源使用和空间布局等，计算城市总体规划的碳排放评估模型产生的净碳排放量。

净碳排放量（C）是碳排放量（E）减去生态绿地碳清除量（S）的净值，公式为：

$$C = E - S$$

式中：C——总体规划每年的净碳排放量，单位：tCO_2e/a；

E——碳排放源头碳排放量，单位：tCO_2e/a；

S——生态绿地碳清除量，单位：tCO_2e/a。

城市总体规划碳排放核算框架

根据上述公式，可以将城市总体规划碳排放评估划分为8大板块（包括6个碳排放板块、1个碳清除板块、1个能源替代[2]板块），共同组成总体规划

---

[1] IPCC. 2006 IPCC Guidelines for national greenhouse gas inventory[R]. Intergovernmental Panel on Climate Change, 2006.

[2] 能源替代（Energy Substitution）通常是指减少化石燃料使用并转向可再生能源（如风能、太阳能、生物质能）或低碳能源（如核能和天然气）的过程，从而减少二氧化碳排放。

碳排放评估模型。8大板块包括：

- 新建建筑能耗；
- 既有建筑能耗；
- 交通出行能耗；
- 工业能耗；
- 水资源管理能耗；
- 废弃物温室气体排放；
- 可再生能源；
- 生态绿地碳清除。

这8个碳排放评估板块和城市总体规划建设管理内容直接匹配，代表了公式 $C = E - S$ 中的 E 和 S 量值。它们产生的排放/移除/替代功能可以与城市规划建设中的节能减排政策手段对接，同时明确地分解不同政策实施职能部门（如规划、建设、园林、农业、环境卫生、交通、自来水供应、污水处理等管理部门和单位）在城市整体减低温室气体排放中

的角色与责任，使总体规划的碳排放评估直接提供明确的减排任务分解，成为政策手段的具体操作指导标杆和监控减排进度的定量依据。

需要注意的是，可再生能源应作为模型的一部分（板块7），但可再生能源的使用不会带来碳排放。目前，可再生能源使用是推动低碳城市建设的重要政策决策，如需要，可以通过梳理和统计城市总体规划中可再生能源的使用量（如在建筑、工业、交通等领域），进而计算总体规划整体由于可再生能源的使用而替代相应常规能源所带来的二氧化碳减缓量[1]效应。

要计算总体规划的碳排放量，就需要从每个板块出发，分析每个板块的活动量、碳排放与能耗特点、相关的排放系数和因子。在每个板块中，确定碳排放基本活动量测算方法、排放因子与参数，进而提出8个板块量度二氧化碳当量（CO_2e）。

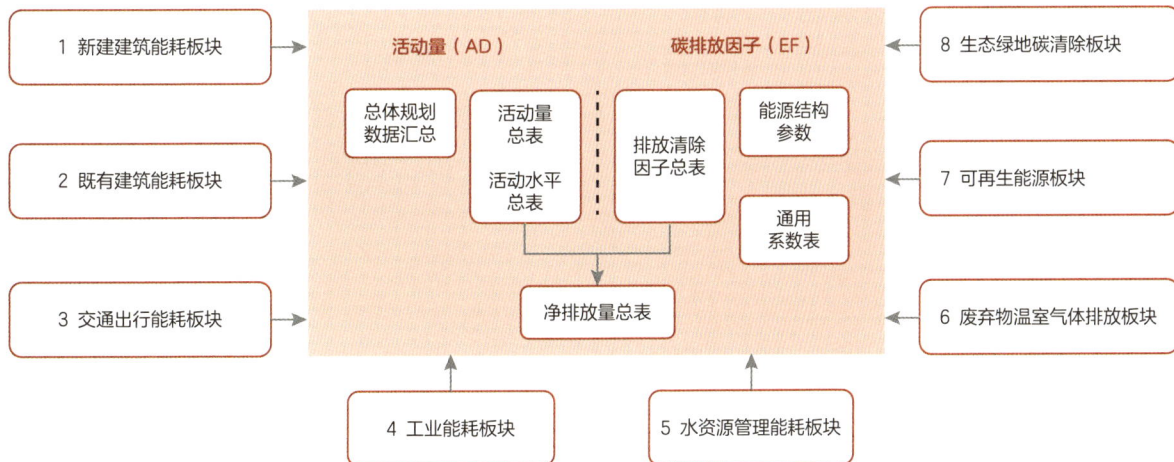

城市总体规划整体碳排放框架

---

[1] 二氧化碳减缓量：根据IPCC的定义，减缓是指为减少温室气体的排放源或增加温室气体的汇而进行的人为干预。通过减缓行为而减少的二氧化碳排放量为二氧化碳减缓量。

3.4 参考研究与案例

本节梳理了目前国内关于城市增长边界、规模和强度目标与措施的碳排放量化评估研究和案例，并通过综述要点和研究摘要，为城市规划设计提供科学性、合理性及技术性的参考。

案例3A
中国五个城市发展强度和二氧化碳排放量之间的关系

中国城市在过去几十年的快速扩张、能源需求的增加和土地利用强度的提升导致城市二氧化碳排放量不断增加和生态绿地碳汇的减少。

本案例研究分析五个中国主要城市（北京、上海、天津、重庆和广州）于1995年至2011年的数据，研究建立指标，量化城市开发强度和二氧化碳排放之间的关系[1]。

研究的实证结果表明，土地利用强度（LUI）、经济强度、人口强度、基础设施强度和公共服务强度与二氧化碳排放有正关联关系，影响的关联系数、估计系数都明显。

同时研究指出，土地利用强度是影响城市二氧化碳排放的最重要因素。土地利用强度包括建成区面积占城市面积的百分比、城市建设用地占建成区面积的百分比、居住用地面积占建成区面积的百分比、生产用地面积占建成区面积的百分比、基础设施用地面积占建成区面积的百分比等。土地利用强度在回归分析中显示对二氧化碳排放有显著正面拉动影响，回归系数比其他指数高出1倍以上。

结果显示，过去几十年来五个城市的快速经济增长导致了城市扩张和能源需求的快速增加，碳排放量显著增加。同时，土地利用强度的增加导致了自然生态用地的相应减少。这种现象有可能导致二氧化碳排放量增加和碳汇减少的情况。

案例3B
上海市城市土地节约和集约利用政策的二氧化碳减排放量效应

2010年到2020年期间，上海通过土地利用调整，将具有最高碳排放密度的工业用地转换为其他土地类，共减少了1059万t碳排放。

---

[1] WANG S J, FANG C L, WANG Y, et al. Quantifying the relationship between urban development intensity and carbon dioxide emissions using a panel data analysis[J]. Ecological indicators, 2015, 49: 121-131.

本案例研究针对2010年至2020年期间上海从以前的扩张建设用地转变为减少工业用地和提升生态林地的政策[1]，分析上海市的土地节约和集约利用政策对碳排放的影响。

对2010年至2020年上海土地利用结构的分析显示工业用地面积减少和林地面积增加。上海市在此期间工业用地大幅减少约185km²，从占城市用地的10.64%下降到7.91%，原因是政府把效率低和分散建设用地转为农业用地或生态用地，包括9万hm²植树造林工程的实施。林地在2020年占上海全市土地的13.46%，高于2010年的7.40%左右。

分析显示了2010—2020年土地利用的碳排放量，主要发现包括：

- 从2010年到2020年，尽管由于大规模植树造林，上海全市固碳量由2010年的3.3万t增加到2020年的5.6万t，全市土地利用碳排放量仍从5450万t增加到5590万t。2020年上海市碳排放总量仍然是其碳封存总量的998倍。这表明碳赤字严重。

- 值得注意的是，上海市2010年到2020年的土地利用变化导致净减少2893万t碳。其中，最重要的减碳量是源于将具有最高碳排放密度的工业用地转换为其他土地类，共减少了1059万t。

- 然而，需要更多的关注是上海市工业用地的土地利用碳排放强度在2010—2020年内增加了27.85%。因此实施土地保护和集约利用战略以及调整工业和能源结构是上海市未来减碳的重要手段。

研究指出，特大城市无法只依赖土地利用实现碳中和，而是需要与工业节能调整和能源结构调整相结合。上海市2010—2020年林地增加和建成区减少带来的碳储量[2]只能抵消0.1%的土地利用碳排放。由于工业用地占碳排放总量的60%以上，调整产业结构、提高能源利用效率在减少碳排放方面发挥着关键作用。

案例3C
中国51个城市的空间规模结构对个人交通出行碳排放量的影响

多中心城市结构的个人交通出行能耗会比单中心城市高出44.92%。

城市面积每增加1%，就可以导致0.422%的个人出行能耗增加。

本案例研究调查中国51个城市的城市空间规模结构是否影响个人出行能耗，城市交通系统消耗的能源对当地环境保护以及温室气体减排[3]是否有影响。

---

❶ WANG Y, et al. High-carbon expansion or low-carbon intensive and mixed land-use? Recent observations from megacities in developing countries: a case study of Shanghai, China[J]. Journal of Environmental Management, 2023, 348: 1192.

❷ 碳储量（Carbon Stock）即碳的储备量，通常指一个碳库（森林、海洋、土地等）中碳的数量。

❸ ZHAO P, et al. The influence of urban structure on individual transport energy consumption in China's growing cities[J]. Habitat International, 2017, 66: 95-105.

基于文献和可用数据，研究将城市的面积、人口密度、人均国内生产总值、汽车保有量和公共交通服务等数据作为分析变量，旨在提出影响个人能源使用的政策（包括低碳和汽车管理政策）。主要发现包括：

- 其他研究认为，在不断发展的城市中通过规划控制城市蔓延、创造多中心城市结构，可以减低出行能耗。然而，本研究结论并不完全支持该论点。
- 定量分析表明，多中心城市结构的个人交通出行能耗比单中心城市高出44.92%。居住在多中心城市的交通能耗高于那些生活在单中心地带的人。这个结果与许多其他既有研究不一样。多中心城市的出行能耗效率表现可以比单中心城市更低，主要是因为城市副中心的发展不一定能保证将就业和住宅用地平衡结合。
- 城市发展规模（面积）也影响了个人交通出行能耗。城市面积每增加1%，就可以导致0.422%的个人出行能耗增加。这是因为在规模较大的城市，居住在远离市中心地区的居民必须长途出行以满足他们在城市中的日常需求，城市整体出行距离增加，导致个人交通能耗水平上升。
- 城市的人均国内生产总值与个人出行能耗呈正相关关系。人均国内生产总值每增加1%，个人出行能耗增长0.578%。这是因为在国内生产总值较高的城市中，市民有更高的家庭收入和更多的活动目的地可供选择，因此会产生更多出行与交通需求。
- 地铁的长度对出行能耗存在影响。每千名居民拥有的地铁线路长度的分析数据表明，其与个人出行能耗呈负相关关系：每千名居民拥有的地铁线路长度增加1%，个人出行能耗下降1.61%。这一结果表明，从低碳发展来看，建设均匀分布的地铁系统有助于降低城市整体交通能耗和碳排放量。

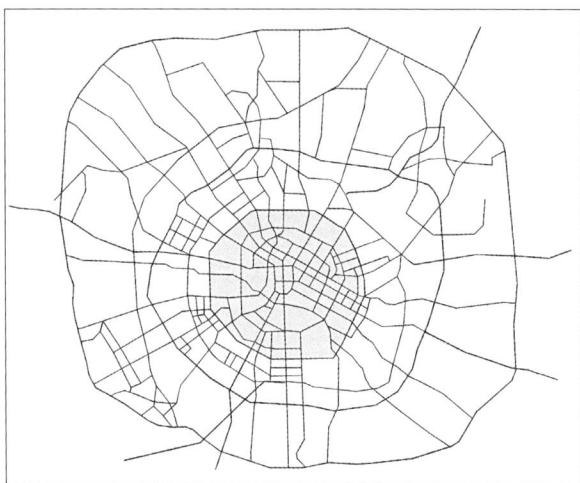

成都（单中心）

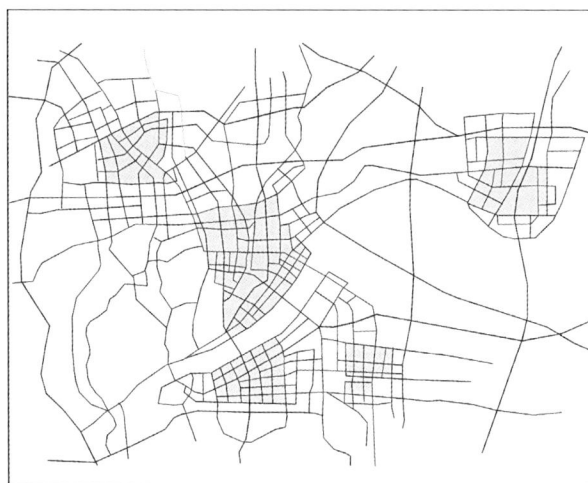

杭州（多中心）

===== 城市中心
——— 城市路网

城市结构示意

案例3D
武汉市土地利用、能源消耗、碳排放强度与建设用地扩张之间的关系

武汉市1997—2017年土地利用和能源消耗数据分析显示，碳排放强度与建设用地扩张之间呈现倒U形曲线关系。

本案例研究基于武汉市1997—2017年土地利用和能源消耗数据，构建库兹涅茨曲线（倒U形曲线）模型，验证碳排放强度与建设用地扩张之间的关系❶。

研究指出，在武汉市城镇化发展的初始阶段，城镇建设用地多是从耕地、园地转化而来，即通过消费更多的能源和吸纳更多的人口来实现城镇化的原始积累。但是随着武汉市产业升级、能源结构的改善及技术进步和环保理念的兴起，清洁生产技术开始被广泛应用，建设用地扩张所引发碳排放的边际速率不断下降。这符合经济学中经济发展与环境污染之间长期关系的库兹涅茨曲线（倒U形曲线）实证研究的前提假设。

武汉市土地利用与碳排放的数据分析结果表明：

- 随着建设用地面积的增长，武汉市1997—2017年碳排放总量呈波动增加，其中建设用地碳排放是其主要来源，占碳排放总量的99%以上。其间武汉市碳排放总量增长速度非常快，碳排放总量净增长1179.48万t，增长率达87.91%，年均增长率为4.40%。
- 武汉市碳排放强度与建设用地总量呈倒U形的库兹涅茨曲线关系。当建设用地比例超过

临界值17%后，碳排放强度会随着建设用地比例的增加而下降。这是由于城镇在城镇化初期往往是以粗放型的发展模式为主，没有经过合理的规划，建设用地扩张，盲目侵占耕地、林地，建设用地所承担的能源利用效率低下。随着经济社会的发展、城市建设的合理规划、能源结构的调整，建设用地的碳排放强度不断降低。

- 二级地类中，居民点及工矿用地比例与碳排放强度之间均呈倒U形库兹涅茨曲线关系。当武汉市居民点及工矿用地土地面积占武汉市土地面积的比例未达到拐点时，碳排放强度会随着居民点及工矿用地比例的增加而增加；当比例超过拐点时，碳排放强度会下降。这一拐点是居民点及工矿用地面积占武汉市土地面积的约16%。
- 交通运输用地比例与碳排放强度之间呈倒U形库兹涅茨曲线关系。当武汉市交通运输用地面积占武汉市土地面积的比例低于临界值15%时，碳排放强度会随着交通运输用地比例的增加而增加；当比例超过15%后，碳排放强度则随之减少。此外，科技的进步、各种节能减排的交通工具的出现、居民绿色环保出行意识的提升等，同样推动了碳排放量的下降。

---

❶ 杨欣，谢向向. 武汉市建设用地扩张与碳排放效应的库兹涅茨曲线分析[J]. 华中农业大学学报（社会科学版），2020（4）：158-165.

第4章
公共交通导向型开发

将人口集中在公共交通周边，开发适宜步行的混合用地街区

4.1　原理

"公共交通导向型开发（Transit Oriented Developments，TOD）区域是指公共交通站点和走廊周边的区域，具有密度高、功能混合和适宜步行等特点，通常位于城市整体规划中的混合用途区域。在TOD区内，公共交通必须是大部分家庭出行的首选模式，从而缓解交通拥堵，改善空气质量，减少碳排放。提高在公共交通站点周边工作和生活的人口密度，是改善公交便利性和有效性最理想的方式之一"❶。

日本东京街头

---

❶ 卡尔索普事务所，宇恒可持续交通研究中心，高觅工程顾问公司。翡翠城市：面向中国智慧绿色发展的规划指南[M]. 北京：中国建筑工业出版社，2017.

有哪些关于"公共交通导向型开发"的政策文件?

自20世纪90年代以来,中国城市在轨道交通建设的同时不断进行着TOD开发的探索。早期通过"轨道+物业"式土地开发为轨道交通建设筹集资金,然后有意识地利用TOD理念进行策划、规划设计与运营,到目前探索数字化时代以TOD理念为基础进行轨道生活圈的治理创新。在这期间,各城市政府、轨道交通集团、开发商等利益相关方进行了一系列博弈与合作,渐进式地形成了很多政策和体制机制的突破。

自2012年,《国务院关于城市优先发展公共交通的指导意见》《国务院办公厅关于支持铁路建设实施土地综合开发的意见》《城市轨道沿线地区规划设计导则》《国务院办公厅关于进一步加强城市轨道交通规划建设管理的意见》《城市轨道TOD综合开发项目评价标准》(T/CUPTA 004—2020)、《城市轨道TOD综合开发项目通用技术规范》(T/CUPTA 003—2020)、《国家综合立体交通网规划纲要》《关于进一步做好铁路规划建设工作的意见》《关于进一步鼓励和发展城市轨道交通场站及周边土地综合开发利用(TOD)的指导意见》等文件陆续发布,均提出要推进以公共交通为导向的城市土地开发模式,城市规划设计导则、用地管理办法、地下空间开发利用管理办法等一系列政策文件推动了TOD综合开发项目的落地。

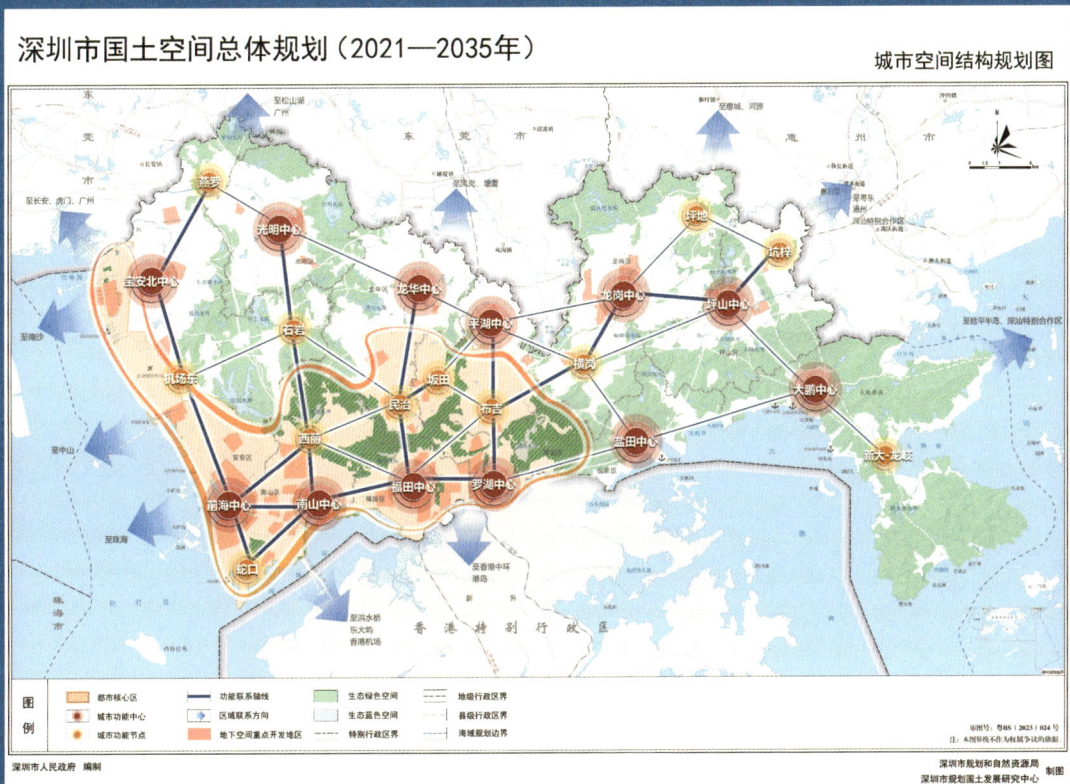

深圳市城市空间结构规划图
来源:《深圳市国土空间总体规划(2021—2035年)》
https://www.sz.gov.cn/zfgb/2025/gb1362/content/post_12008582.html.

4.2 规划设计目标与措施

为了实现公共交通导向型开发的理念，在规划设计时应考虑围绕公共交通创建人口高密度的混合用地中心以及设计便利的慢行空间连接公交车站，可以通过构建步行空间、在TOD区域高密度开发、整合自行车停车空间等5个措施去实现上述目标。

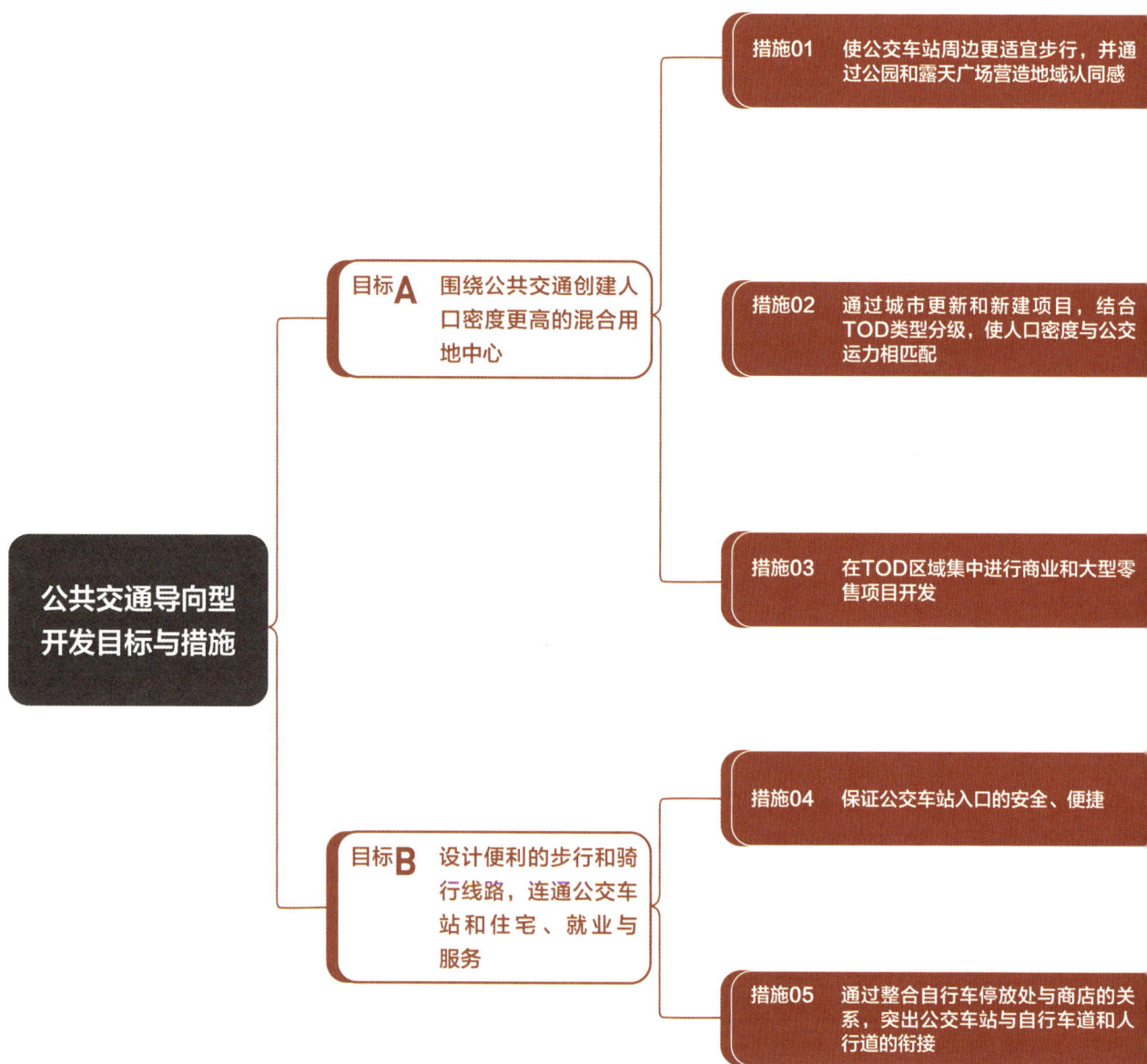

公共交通导向型开发目标与措施

目标A 围绕公共交通创建人口密度更高的混合用地中心

措施01 使公交车站周边更适宜步行，并通过公园和露天广场营造地域认同感

措施02 通过城市更新和新建项目，结合TOD类型分级，使人口密度与公交运力相匹配

措施03 在TOD区域集中进行商业和大型零售项目开发

目标B 设计便利的步行和骑行线路，连通公交车站和住宅、就业与服务

措施04 保证公交车站入口的安全、便捷

措施05 通过整合自行车停放处与商店的关系，突出公交车站与自行车道和人行道的衔接

公共交通导向型开发目标与措施

◎ 在公交车站周边打造安全、舒适的步行环境，可以沿混合用途建筑规划主要步行路线，并为公交乘客提供购物、餐饮和其他便利服务。

◎ 公交车站周边客流量可以带来零售业的繁荣，且站点周边的生活福利设施（如露天广场和公共广场等）可以营造一种地域认同感，鼓励行人活动。

◎ 通过保护历史建筑、建设公共空间或者开发独特的商业区，在公交车站周边形成鲜明的特色，也可以为行人创造舒适的环境。

◎ 最靠近大型公交车站的地区，人口密度应该更高。如果多条区域级公交线路在一个地区交会，应该把这种地区规划为次区域就业中心，以加强公交基础设施的投资。

◎ 在主要公交车站600～1000m范围内，按照公交系统运力进行区域规划，运力越高，密度和服务混合程度越高。鉴于各种交通模式的运力不同，TOD区域的服务混合程度、人口和就业密度也应该有所差异。

◎ 大型商业就业中心和零售项目只能建在公交运力较高的地段。商业密度应该与高峰时段的公交运力、步行和骑行承载能力相匹配。

◎ 不同功能用地与公交车站关系应满足：集合休闲、服务与零售的混合用地建筑，应位于就业区，在步行范围内满足上班族的需求；购物中心等区域级零售中心，应建在大型公交车站周边，以避开小汽车交通和大型停车场；中央商务区或政府中心等大型办公与就业区，应该在公交站点步行距离内；居住区内地区级零售区的规划，应该结合公交车站，从而提高乘坐公交购物的便利性。

◎ 到达公交车站的便捷性以及邻近区域的可步行性，是使市民将公交作为出行首选的重要前提。

◎ 应该设计便于乘客寻找的通往公交车站或换乘其他交通方式的短程直通路径。

◎ 设置良好的寻路指示、建设无障碍通行设施和提高入口可见性，不仅方便用户使用，还能增强通勤安全。

◎ 为保证自行车、行人和公交系统能够无缝衔接，公交车站周边应配备自行车停放处，并设有直接通往车站的自行车道和人行道。

◎ 自行车停放处往往面积过小，给自行车与公交之间的换乘造成诸多不便。因此，大型车站入口附近应该规划安全的大型自行车停放处。

4.3 减碳效益分析

公共交通导向型开发（TOD）是通过建设用地布局和公共交通设施网络布局的优化而达到减少碳排放的效应。建设用地布局的优化通过提高土地利用的集约化和均衡度，使出行距离总量减少，进一步降低了交通的碳排放量；公共交通设施网络布局的优化通过减少小汽车出行比例，提高公共交通与慢行交通出行比例，从而减少了城市碳排放量。

约化开发，聚集大量的居住与就业人口，带动高强度社会经济活动，提高土地利用效率和用地活动均衡性。

- 这种城市建设用地布局提高了用地活动的均衡度，缩短了周边居民与工作地点、学校、购物中心、休闲目的地的出行距离，从而减少出行距离总量。

出行总量的减少会降低交通碳排放量。

公共交通设施网络布局提升

建设用地布局的优化

利用公共交通导向型开发（TOD）的空间布局优化城市建设用地，提升用地的合理性与土地的集约化程度。

- 以公共交通为主导发展的公共交通站点（尤其是轨道交通站点）周边，土地的开发强度会围绕公共交通站点，随着与其距离增加而逐渐衰减。在TOD核心区域会进行土地的集

在建设用地中进一步布局公共交通基础设施，形成以公共交通为导向的社会和经济活动模式。

- TOD空间布局有利于形成以轨道交通或公共交通为主，慢行交通系统为辅的城市交通网络布局。例如，在城市中心区、组团或片区建设的TOD轨道交通站点更容易形成以轨道交通站点为核心，轨道交通线路与公共交通线路由中心向外延伸的点轴式网络土地—交通布局。

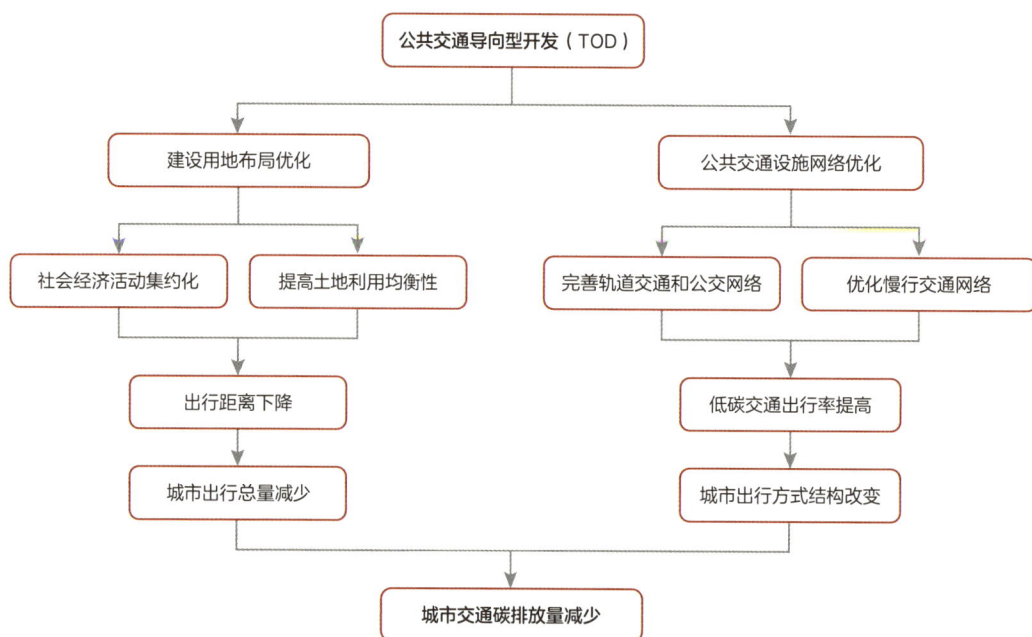

公共交通导向型开发（TOD）空间形态和交通布局减碳效应分析

- 点轴式网络土地—交通布局形成的城市组团或片区，主要通过公共交通来实现跨组团或跨片区的远距离出行；而组团间或片区内的近距离出行则主要通过慢行交通系统来实现。优化后的网络布局可以降低小汽车出行比例，提高公共交通与慢行交通出行比例。

比较各种交通方式的碳排放量可以看出，慢行交通（步行与自行车）与公共交通的碳排量远远小于小汽车的碳排量。

减少小汽车出行比例和提高公共交通与慢行交通出行比例都会减少城市碳排放量。

不同的交通工具的碳排放特征分别是什么？

不同出行方式的碳排放特征

出行方式	运输量（千人次/h）	占用道路面积（m²/人）	相对碳排放量比较（以轨道交通为基准）
轨道交通	20～60	0.2	1
公共汽车	6～10	0.92	2.1
小汽车	3	23	12.5
步行与自行车	0.7～6	10	0

来源：刘若阳，等. 基于TOD模式的交通减碳效果机理分析及测算方法[J]. 城市发展研究，2022（9）：56-62；陆键. 当代世界城市低碳本位的交通战略[J]. 上海城市管理，2011，20（1）：47-51.

公共交通导向型开发（TOD）碳排放核算基础框架

公共交通导向型开发是通过出行总量的减少、降低小汽车出行比例和提高公共交通与慢行交通出行比例，从而达到减少碳排放量的效应。

公共交通导向型开发碳排放测算框架公式如下：

$$C_t = \sum_{j=1}^{n} \left(T \cdot M_j \cdot \frac{d_j}{o_j} \cdot c_j \right)$$

其中，$T = \sum_{i=1}^{n} (D_s \cdot S_i \cdot g_i)$

式中：C_t——各种客运交通方式的碳排放量，单位：kg；

T——总出行次数，是量化城市交通系统承受力的基本指标，等于用地面积、单位面积人均出行次数和天数（D_s）的乘积；

S_i——第 i 种用地性质的用地面积，单位：km²；

g_i——第 i 种用地性质的单位面积出行人次，单位：人次/km²；

M_j——第 j 种交通方式的出行率，是指研究范围内市民使用某种交通方式的出行总量占所有交通方式总出行量的比例，单位：%；

d_j——第 j 种交通方式每次平均出行距离，单位：km；

o_j —— 第 j 种交通方式每次的平均载客人数，单位：人；

c_j —— 第 j 种交通方式的单位距离碳排放因子，单位：kg/km；

i —— 不同的建设用地类别（如商业用地、居住用地、办公用地等）；

j —— 各种不同的城市客运交通出行方式。

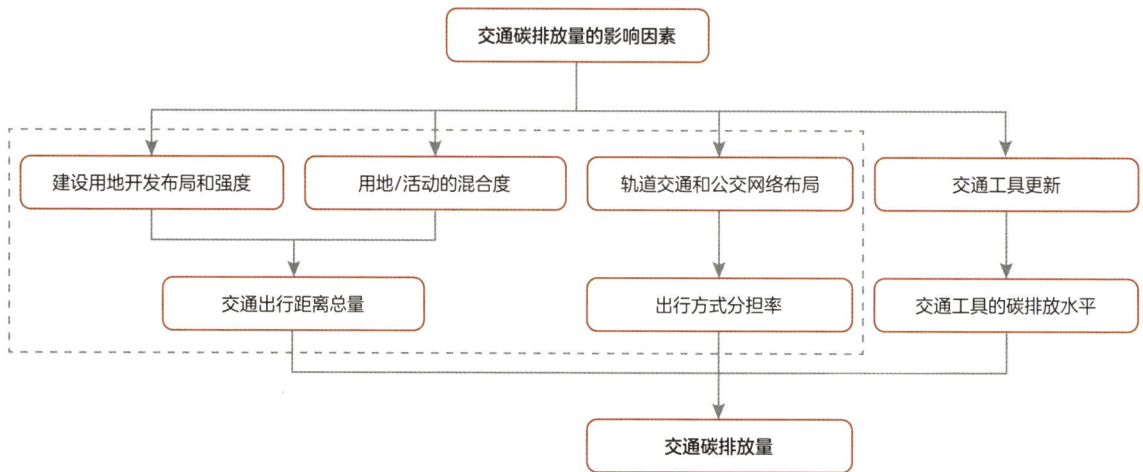

公共交通导向型开发（TOD）减碳量核算技术路线

公共交通导向型开发（TOD）碳排放核算情景分析

为了在规划设计阶段比较不同的城市规划设计方案的碳排放量，定量分析公共交通导向型开发带来的减碳效应，本书建议以不同的土地—交通布局强度建立三个情景：

情景1：基准情景。常规情景是指城市交通、土地利用、城市结构等在没有新增政策干预下，按照目前规划标准发展空间形态的模式。其特征包括：

- 私人小汽车保有量将持续增长；
- 土地利用结构集约程度没有优化改善；
- 公共交通和非机动交通保持较慢的发展速度；
- 未能形成公共交通导向型开发的城市空间布局。

情景2：低碳交通情景。低碳交通情景是指只通过调整交通系统来减少交通行业的碳排放量。低碳交通情景主要考虑因素包括：

- 建设交通基础设施，大力发展公共交通系统；
- 限制私人交通使用，引导居民选择公交出行。

情景2旨在推动市民的交通出行方式由私人交通转向公共交通，从而减少碳排放量。但这个情景没有明确调整建设用地利用布局和提升用地均衡性，因此交通需求总量不会发生根本性改变。

情景3：公共交通导向型开发（TOD）情景。该情景是指基于TOD理念，实现以公共交通为导向的集约化土地利用发展模式。TOD情景主要考虑因素包括：

- 大力发展公共交通系统，引导公众使用公共交通出行（包括上述情景2的手段措施）；

- 通过建设用地规划与城市设计手段调整土地利用结构、强度等，实施以公共交通枢纽为中心的紧凑型土地开发战略。

情景3从根本上实现了土地—交通综合减碳效果。

计算三种情景下的城市规划设计方案的交通总能耗与碳排放量，对比基准情景，可以得到低碳交通情景和TOD情景的土地—交通规划的低碳贡献率，如下式所示：

$$RT_{ra} = \frac{CB - CT_{ra}}{CB}$$

$$RT_{OD} = \frac{CB - CT_{OD}}{CB}$$

式中：CB——基准情景的碳排放量，单位：kg；

RT_{ra}——低碳交通调整情景的低碳贡献率，单位：%；

CT_{ra}——低碳交通情景的碳排放量，单位：kg；

RT_{OD}——TOD情景的低碳贡献率，单位：%；

CT_{OD}——TOD情景的碳排放量，单位：kg。

目前，国内已经积累了不少通过城市规划设计实施TOD模式的案例，许多城市的城区规划也引入了TOD原则[1]。很多研究课题也提出了土地利用[2]、交通结构与城市交通碳排放之间的基本关系和评价[3][4]，为TOD可以减少城市碳排放量的效应作出了说明。但是，模拟测算城区尺度碳排放量的方法并没有在城市规划设计工作中普遍应用，具体的规划设计项目的研究范围难以划定，交通出行数据也较为缺乏。在此情况下，国内城市规划设计方案编制工作对TOD带来的定量减碳排放分析鲜有量化计算。

本书以上研究内容为城市规划设计方案的编制工作提供了一个减碳定量效益分析的工具框架。

4.4 参考研究与案例

本节梳理了目前国内与公共交通导向型开发（TOD）目标和措施相关的碳排放量化评估研究和案例。通过案例解读，为城市国土空间规划与建设提供科学性、合理性及技术性的参考。

案例4A
成都网约车上下车位置和地铁站距离的减碳分析

网约车的上下车位置（出发、到达位置）与地铁站每接近1km，网约车出行的行驶里程就会减少0.063kg、0.05kg的二氧化碳排放量。

[1] 李文菁，杨家文. 深圳市公交引导发展（TOD）模式采用的策略与实践[J]. 城市轨道交通研究，2022（12）：5-12.
[2] 叶敏，等. 中国城市特色的TOD发展路径探索——以石家庄市为例[J]. 都市快轨交通，2022（8）：81-86.
[3] 代希腾，陈诺，韩丽飞. 武汉市轨道交通站点TOD开发指标评估体系[J]. 交通与运输，2022（6）：39-44.
[4] 黄善琪，段志钦. TOD站点影响成效分析——以南宁万象城站为例[J]. 综合运输，2022（11）：151-157.

2023年末，成都市城镇常住人口为1722.9万人，汽车保有量从2003年的34万辆激增至2023年的630万辆[1]，20年的时间翻了约18倍[1]，已经成为全国汽车保有量最高的城市之一[2]。

研究利用成都市大量的网约车出行数据，分析了地铁站邻近度与网约车上下车位置的关系对网约车行驶里程（VKT）和相应的二氧化碳排放量的影响[3]。

结果表明：网约车上下车位置（出发、到达位置）与地铁站距离每缩短1km，网约车出行的VKT就会减少0.315km、0.273km，从而减少0.063kg、0.05kg的二氧化碳排放量。

这说明，网约车服务可以与TOD有效地协同发展，以实现交通部门碳减排的目标。

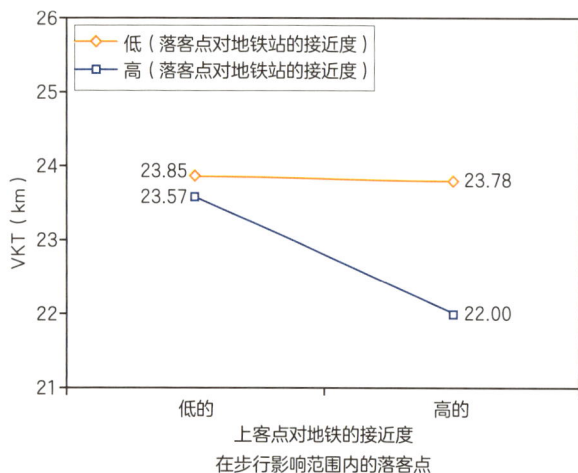

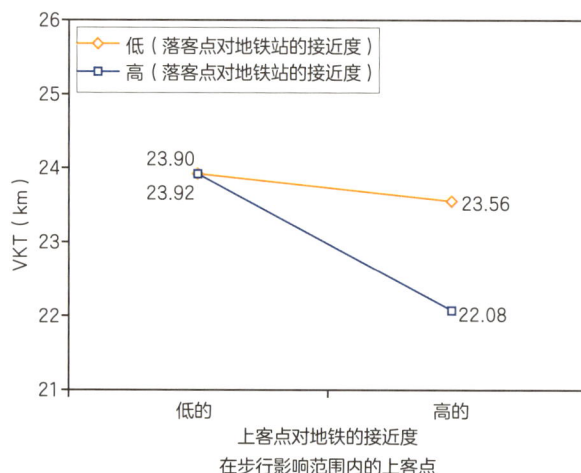

落客距离对上客距离和VKT关系的交互作用效应（按照步行影响区分组）

案例4B
北京、武汉和西安城市形态和职住平衡的减碳分析

公共交通导向型多中心城市形态和职住平衡的卫星城市与常规的发展情景相比可以减少约51%~82%的碳排放。

❶ 成都市统计局．成都市统计局关于2023年成都市人口主要数据的公报[EB/OL]．[2024-03-18]．https://cdstats.chengdu.gov.cn/cdstjj/c154738/2024-03/18/content_3bbb231cb2bc4093a30306c9f880afbc.shtml．

❷ 汽车之家．2023全国机动车保有量排名出炉：成都超越北京跃居全国第一[EB/OL]．[2024-12-27]．https://chejiahao.autohome.com.cn/info/16509001．

❸ GAO J, et al.. Does travel closer to TOD have lower CO_2 emissions? Evidence from ride-hailing in Chengdu[J]. China journal of environmental management, 2022, 308(15): 114636.

本案例对北京、武汉和西安等城市进行了研究，建立了城市交通二氧化碳排放模型，确定了影响交通二氧化碳排放量的关键因素，预测了未来居民的城市交通二氧化碳排放量，并提出快速发展城市的形态与空间如何达到有效减排政策[1]。

主要研究结论包括：

- 发展职住平衡的卫星城市和多中心城市空间形态可以大大减少高排放者的排放。到2050年，与常规情景相比，职住平衡的卫星城市和公共交通导向型的多中心城市形态可以减少51%~82%的交通二氧化碳排放量。
- 与常规情景相比，到2050年，电动汽车、电动公共汽车、地铁的推广和能源效率的提高有助于减少约48%~57%的交通二氧化碳排放量。
- 当以上政策和技术结合实施时，到2050年，与常规情景相比，职住平衡的卫星城市和公共交通导向型的多中心城市形态总体约90%的交通二氧化碳排放量可以减少。

研究结果表明，多中心的城市形态和职住平衡的卫星城市是未来减少交通二氧化碳排放量的关键之一。同时，地铁网络的推广、能源效率的提高和新能源类型的应用也可以有效地减少交通二氧化碳排放量。

案例城市的常规情景碳排量估算

城市	城市居民平均出行率（次/d）	主城区人口（万人）	居民平均每次出行交通二氧化碳排放量（kg/次）	城市居民交通二氧化碳排放量估算（万t）（基线结果）
西安	2.540	450	0.284	118.5
武汉	2.410	546	0.241	115.7
北京	2.538	1280	0.681	807.5

案例4C
上海土地开发空间与居民通勤交通的减碳分析

上海市内远离轨道交通站点的小区通勤碳排放量平均值比邻近轨道交通站点的小区增加了近50%。

本案例对上海市通勤者的交通碳排放量进行了调研，得到了上海市通勤碳排放因子数据，结果显示上海市轨道交通通勤产生的单位人公里的碳排放量只是小汽车通勤的4%，公共汽车通勤产生的单位人公里的碳排放量是小汽车的13%。同时，研究分析了土地开发空间与居民通勤碳排放量的关系，

❶ YANG L, et al.. Factors and scenario analysis of transport carbon dioxide emissions in rapidly-developing cities[J]. Transportation research part D: transport and environment, 2020, 80(3): 102252.

发现居住区与轨道交通站点的距离对通勤碳排放量的影响较为显著[❶]。

研究指出：

- 总体上，远离轨道交通站点的小区通勤碳排放平均值为465g/（人·km），而邻近轨道交通站点的小区通勤碳排放平均值仅为299g/（人·km），远离轨道交通站点的小区通勤碳排放平均值比邻近轨道交通站点的小区增加了近50%。
- 在城市郊区，当公共交通服务可达性较高时，通勤碳排放量可以很好地得到控制。上海市外环路以外是平均通勤碳排放量最高的区域，远离轨道交通站点的小区的平均通勤碳排放为556g/（人·km），是内环以内远离轨道交通站点小区的1.5倍。但在外环以外邻近轨道交通站点的小区中，平均通勤碳

排放量为1.05倍。

- 公共交通可达性与平均出行距离、平均通勤碳排放量有明确关系。两种类型的小区（远离和邻近轨道交通站点）虽然出行距离相近（7.55km和7.52km），但对比单位人公里通勤碳排放量，远离轨道交通站点的小区最高为邻近轨道交通站点小区的1.5倍，说明通勤者对出行方式的选择是导致远离轨道交通站点的小区通勤碳排放量较高的原因，而不是通勤出行距离的变化。在远离轨道交通站点的小区，通勤者通常采用高碳排放量的私人小汽车作为主要的交通出行方式。

因此，改变高碳排放量的出行方式可明显降低碳排放量。同时，避免城市过度扩张、鼓励土地混合利用以及倡导职住平衡的TOD规划，以缩短居民通勤距离也是高效的减排方法。

上海市通勤碳排放因子数据

出行方式	上海市通勤碳排放因子[g/（人·km）]	与私人小汽车碳排放因子比值	出行方式	上海市通勤碳排放因子[g/（人·km）]	与私人小汽车碳排放因子比值
私人小汽车	163.2	1	电动自行车	15.3	0.09
公共汽车	21.3	0.13	公司班车	38	0.23
轨道交通	7.3	0.04	商场班车	26.6	0.16
出租车	222.6	1.36	非机动化出行（步行/自行车）	0	0
摩托车	66.8	0.41			

上海居住地距轨道站点距离与通勤距离对碳排放的影响

	平均通勤距离（km）	平均通勤碳排放量（g/人）	平均碳排放强度[g/（人·km）]
远离轨道站点	7.55	465.5	61
靠近轨道站点	7.52	299.1	39.2

---

❶ 潘海啸，郑煜铭. 上海市通勤者交通碳排放的影响因素[M]//中国城市科学研究会. 2019城市发展与规划论文集. 北京：中国城市出版社，2019.

广州市南沙区的TOD规划减碳分析

广州市南沙区TOD情景与基准情景相比，日均减少交通碳排放量达4110t，减碳率约62.9%。

本案例从城市建设用地空间规划和交通网络系统两方面对广州市南沙区的TOD廊道进行了碳排放评估。

为了充分发挥交通走廊沿线站点的交通核作用，南沙区的建设用地空间规划采用TOD理念，建议将站点设置为慢行单元的中心区，以步行距离15分钟（约1000m）为半径，建立TOD社区。社区内建设紧凑型建筑单元，建设绿地、学校、医院、邮局、银行、公园、商业区、居住区、工作区等多功能的公共服务设施❶。同时，在社区内或社区间规划以地面公交为基础，轨道交通和公交廊道为主体的集约化交通出行结构。社区外围建设完善便捷的停车换乘和公交换乘系统，广泛推行公交+慢行、私人小汽车+慢行、私人小汽车+慢行+公交的出行方式。

为了评估TOD理念下的规划方案对碳减排的效应，研究划分了基准情景、低碳情景和TOD情景三个规划情景，场景设定条件见本书"公共交通导向型开发（TOD）碳排放核算情景分析"部分。

研究对TOD情景与基准情景的碳排放的评估结论主要包括：

- 研究提出至2030年，南沙区TOD情景下的出行量为421.7万人次，较基准情景可以减少15%~20%的机动车出行，基本实现规划目标。
- 南沙区TOD情景比基准情景日均节省交通能耗约5.7382×10^7MJ，相当于日均节省1960t标准煤，减少比例约63.35%。
- 南沙区TOD情景比基准情景日均交通减碳量约4110t，减碳率约62.9%。

三种情景下单日交通碳排放量测算

情景	2030年单日交通碳排放量（t）	2030年相对基准情景的单日交通减碳量（t）	相对减碳量比例
基准情景	6535	—	—
低碳情景	3030	3505	53.63%
TOD情景	2424	4110	62.89%

---

❶ 李杏筠. TOD策略与城市减碳研究：以广州南沙区为例[D]. 广州：广州大学，2013.

第5章

混合用途

创建功能混合社区和片区，缩短出行距离

5.1　原理

　　"功能混合是指混合居住、商业、商务和居民服务等功能，以保证在居民生活区附近提供生活配套设施和各种服务。在各个区域内要求达到一定的混合度，以便使居民就近到达必要的生活配套设施，而不需要远行，可以节省时间，减少小汽车使用，并提高生活质量。这一点对于涉及老年人或儿童的开发项目尤为重要，因为这两类人群独立出行的难度更大，特别是在道路宽阔、小汽车较多的地区。

　　在城市总体规划层面，应综合公共交通导向型开发区、大型商业区和功能混合的居住区等设计要素，来确定功能混合区"❶。

东京城市功能混合建设

---

❶　卡尔索普事务所，宇恒可持续交通研究中心，高觅工程顾问公司. 翡翠城市：面向中国智慧绿色发展的规划指南[M]. 北京：中国建筑工业出版社，2017.

有哪些关于"功能混合"的政策文件?

以下列举了部分关于功能混合的政策文件:

我国规划领域对功能混合的认识和发展经历了一个逐步深化和系统化的过程。从早期单一功能分区的城市规划模式,到现在强调多功能混合的综合发展,**功能混合**已成为城市规划的主流理念。规划过程中不仅关注功能的混合布局,更加注重社区的**综合性和多样性**。在新型社区、城市更新、产业园区、综合体规划中更加多维度注重综合开发与土地利用效率、交通可达性、经济多样性、社会包容性。

《国家新型城镇化规划(2014—2020年)》《中华人民共和国国民经济和社会发展第十四个五年规划和2035年远景目标纲要》《住房城乡建设部关于扎实有序推进城市更新工作的通知》等文件鼓励和支持**功能混合**的发展,优化城市空间结构,提升城市土地利用效率,提高总和承载能力,改善环境质量和居民生活水平。各地政府在落实国家政策的基础上,结合地方实际,出台了一系列支持功能混合发展的政策和规划。

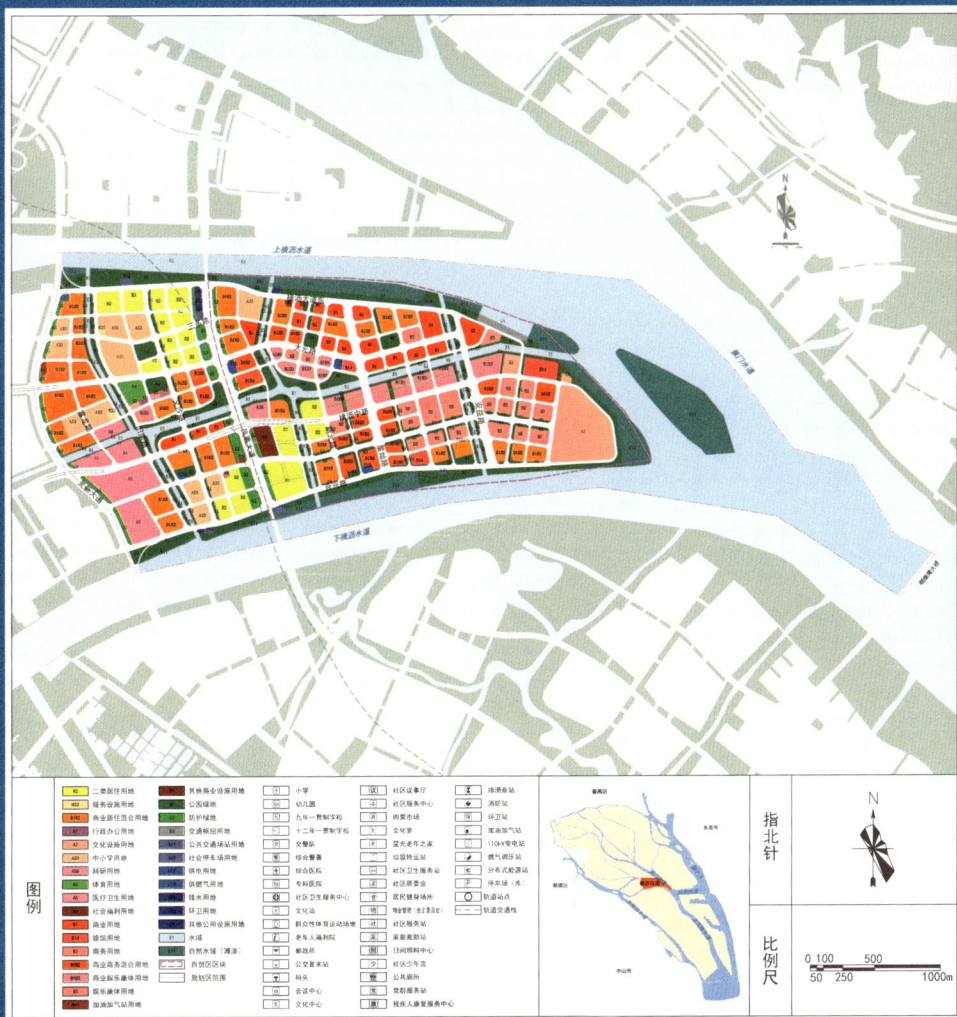

广州南沙新区明珠湾起步区(横沥岛)控制性详细规划附图
来源:《广州南沙新区明珠湾起步区(横沥岛)控制性详细规划修编通告附图》

5.2 规划设计目标与措施

混合用途的社区规划应鼓励实现居住、购物与服务的最优平衡及在短途公交通勤距离内实现职住平衡，并整合各个社区内的保障性住房和老年人住房服务。为实现以上目标，需要采取以下4个措施。

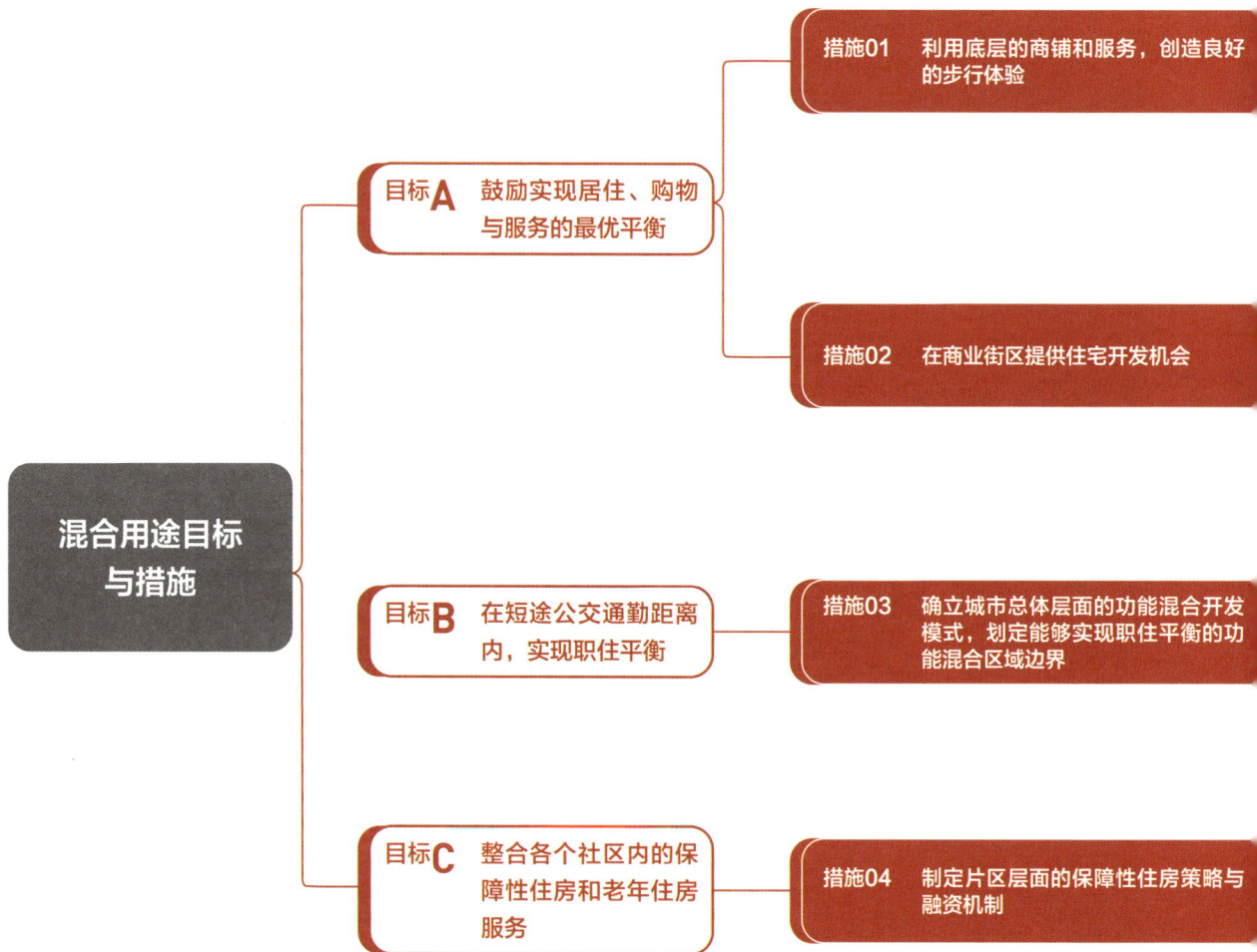

混合用途目标与措施

```
混合用途目标          目标A  鼓励实现居住、购物      措施01  利用底层的商铺和服务，创造良好
与措施                       与服务的最优平衡               的步行体验

                                                    措施02  在商业街区提供住宅开发机会

                     目标B  在短途公交通勤距离      措施03  确立城市总体层面的功能混合开发
                           内，实现职住平衡               模式，划定能够实现职住平衡的功
                                                         能混合区域边界

                     目标C  整合各个社区内的保      措施04  制定片区层面的保障性住房策略与
                           障性住房和老年住房             融资机制
                           服务
```

混合用途目标与措施

- 成功的功能混合开发关键在于打造鼓励步行的环境。
- 建筑底层沿街道两侧的各种服务设施、商店和多个入口既可以保障街道上行人活动，也可以提高社区活力。除了在底层提供各种服务外，还应保证街区与邻近场所之间的人行道和步行街的畅通，便于行人到商店购物。

- 为行人提供安全、舒适的出行环境能够改善步行体验、鼓励步行，有助于缓解交通拥堵。
- 人行道沿线的店铺和服务功能建筑应该减少建筑后退，以增加街道活动，提高可见性。

- 整合中央商务区和商业中心等商业区域附近的住宅开发项目，把这些地区打造成24小时开放的社区。
- 商务区通常在工作时间之外较少有人活动，无法支持本地服务设施和店铺，因此地区就会失去活力。造成这种现象的主要原

因就是区域内没有住宅。为了保证商务区在晚上和白天一样充满活力，应该增加商务区的住宅开发。
- 中央商务区在零售和办公用途之外增加居住功能，可形成人性尺度的小型功能混合街区，使整个社区全天都充满活力。

- 在城市总体层面划定职住平衡的片区非常重要，虽然不能保证区域内的所有人都能在此工作，但可以提高出现这种情况的可能性，并且保证在公交及道路交通系统中保持双向交通流量基本均衡，即高峰时段进出该区域的通勤人数基本相同。

- 在住宅和公交站点附近布局可以满足基本生活需求的设施。
- 各种居住小区级、社区级和区域级的零售设施也应布置在通勤区内，并在开发项目内部及其周边片区之间实现职住平衡。

- 每个片区的保障性住房都应该达到一定比例，并无缝融入各街区或者社区的结构中。
- 控制性详细规划应当确定保障性住房和老年住房的目标比例，

并通过控制性详细规划层面的城市设计来对此类住宅统筹考虑。
- 应该将农村拆迁安置房与大型社区相结合，共享服务、公园和购物区域。

5.3 混合用途的减碳效益分析

本节将分析混合用途如何通过影响空间规划的其他要素达到减碳的目的，并提出基于功能混合的减碳量计算方法。

功能混合的减碳效益

功能混合发展提供了一个可行的空间规划框架来整合其他可持续要素，如紧凑发展、公共交通导向发展、步行尺度和多样性等，以达到降低城市碳排放量的目的。通过功能混合的空间布局，相互关联的要素共同推动了居民居住、出行和生产行为减碳[❶]，其中包括：

- 紧凑用地发展；
- 公共交通导向发展；
- 步行尺度；
- 功能多样性；
- 第三产业发展。

近年来，许多城市开始推动15分钟社区生活圈规划作为构建功能混合社区的手段。15分钟生活圈可以理解为以居民所在小区为圆心，步行15分钟范围内的活动区域。其目的在于提高社区生活质量和完善社区服务功能，促使居民绿色低碳出行，减少交通出行所造成的空气污染和碳排放。在15分钟步行尺度内，商业设施、文化设施、医疗设施、教育设施等应合理配置，优化社区配套功能。同时，应考虑不同年龄阶段居民的需求，设置幼儿园、养老设施、便利店、菜市场等，使居民可以用最短的时间，并在不使用任何交通工具的情况下满足基本生活需求。

功能混合社区规划与15分钟社区生活圈规划是共通的，功能混合度低的社区同时也是业态分布相对单一的社区。将更多的功能聚集在步行15分钟范围内，可以降低居民出行距离和私人小汽车的使用需求，从而减少生活领域的碳排放。

低碳行为碳减排量计算是有效实施相关政策、目标、措施的前提条件，因此需要科学合理的计算方法，并具备一定的数据基础。

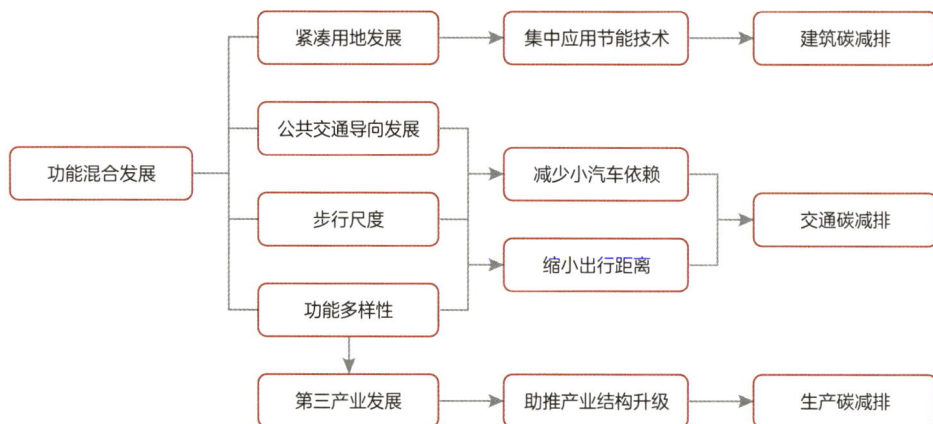

功能混合规划要素推动城市减碳排放
来源：许思扬，陈振光. 功能混合发展概念解读与分类探讨[J]. 规划师，2012（7）：105-110.

❶ 许思扬、陈振光. 功能混合发展概念解读与分类探讨[J]. 规划师，2012（7）：105-110.

点位地图

儿童议事会

★ 西郊花苑
城中西路333弄73号
★ 绿舟
港俞路555弄43号
★ 怡湖
淀山湖大道199弄15号
★ 盈联
港俞路1088弄综合楼
★ 贺桥
城中北路862号

儿童之家

1. 西郊花苑
城中西路333弄73号
2. 绿舟
港俞路555弄43号
3. 怡湖
淀山湖大道199弄15号
4. 华清
清湖北路135弄4号二楼
5. 龙威
城中北路626弄10号楼底

托育点学校

30. 青浦区思源幼儿园   颖会浦路380号
31. 青浦区朗朗幼儿园   晏丽街52
32. 青浦区早期教育指导中心 海盈路143号

辖区中小学幼儿园

33. 青浦区红旺赠幼儿园   万寿路87号
34. 青浦区太阳花双语私立幼儿园 城中南路473号
35. 青浦区华乐幼儿园   新海路101号
36. 青浦区贝贝幼儿园   城中西路333弄内
37. 青浦区盈星幼儿园   卫中路2号
38. 青浦区实验小学   城中西路25号
39. 青浦区庆华小学   青赵公路76号
40. 青浦区逸夫小学   万寿路230号
41. 青浦区瀚文小学   卫中路1号
42. 青浦区佳恒学校   青赵公路952号
43. 青浦区尚美中学   万寿路401号
44. 青浦区星姗幼儿园   盈港路688弄72号
45. 青浦区阳光宝贝幼儿园 青赵910-912号
46. 青浦区御澜湾幼儿园   淀山湖大道199号
47. 青浦区忆华里幼儿园   盈港路28弄
48. 青浦区御澜湾幼儿园   联会浦路380号
49. 青浦区朵朵幼儿园   盈港路1755弄52号
50. 青浦区御澜湾幼儿园   海盈路5288号
51. 浩浦区少年业余体育学校 海盈路5055号
52. 青浦区实验小学   育烛公路1118号
53. 青浦区复旦五浦汇实验学校 鱼龙浦路500号
54. 青浦区复旦大学附属中学 鱼龙浦路500号
55. 青浦区上海平和双语学校 朱家角路6号

儿童活动场所

6. 盈浦街道文化活动中心（盈浦街道儿童服务中心）
海盈路48号
7. 阳光客厅
航运新村4号楼旁
8. 湾仔成长教室
淀山湖大道199弄67号楼
9. 绿萃情科普
新青浦世纪苑45号楼
10. 艺术创想乐园
淀山湖大道399弄满天星广场1号楼211-212
11. 泉驿站
淀山湖大道399弄1-311号
12. 知心驿站
新锦绣湾3号楼
13. 听汐庐
城中西路333弄西部二区9-10号过街楼
14. 安怀驿站
盈浦路188号B栋
15. 圆梦驿站
满天星广场3楼
16. 盈浦街道党群服务中心
盈秀路17号
17. 盈浦街道党群服务站
港俞路地铁站B1
18. 环城水系·梅香公园
民乐佳苑二期旁
19. 环城水系·晨光公园
港俞路西侧
20. 环城水系·知心公园
三元河菜市场南侧（西部花苑边上）
21. 环城水系·长岛公园
胜利路（八字桥菜市场西侧）
22. 环城水系·盈浦驿站
港盈路与盈港路交叉口（原来的老汽车站对面）
23. 环城水系·浩泽驿站
浩泽家园西侧（霖远西大盈港）

母婴室商圈

24. 青浦吾悦广场
1. 一楼6号门（米芝莲附近）
2. 3楼玩具反斗城劳通道
25. 世纪联华
母婴室在二楼
26. 青浦悠迈生活广场
爱心妈咪小屋·青浦悠迈生活广场东区3F
27. 青浦东方商厦
爱心妈咪小屋·青浦东方商厦5F
28. 满天星399广场
母婴室·上海市青浦区淀山湖大道399弄1号楼208隔壁
29. 青浦万达茂
A区2楼 东方旁边，B区3楼 Adidas旁边

公园或公共广场

56. 青浦吾悦广场
广场4号门，阿布湖湖轮滑（3楼），莱莉幻想儿童乐园（3楼），卡丁车（3楼）
57. 世纪联华
一楼「晨趣儿童乐园」
58. 青浦悠迈生活广场
奥特莱·青浦悠迈生活广场西区3F
59. 青浦东方商厦
奇特乐儿童乐园·青浦东方商厦3F
60. 满天星399广场
上海市青浦区淀山湖大道399弄满天星广场中庭，招商银行门口
61. 青浦万达茂
汽车乐园：B区-2F-B娱乐楼；儿童乐园：A区2F-B娱乐楼；卡尔飞车：B区-1F-次主2-A

盈浦街道少儿版15分钟社区生活圈
来源：https://www.thepaper.cn/newsDetail_forward_11496356.

减碳量测算方法

城市规划设计方案需要对城市内不同功能混合社区的减碳效益进行比较分析，将片区不同用地混合度、街区尺度与居民交通出行特征进行关联分析，找出量化关系，为方案中建议的功能混合度提供科学合理的数据支持。

比较分析方法可以归纳为以下基本步骤：

步骤1：挑选现有城区进行比较分析。根据规划的规模与定位，在城市范围内挑选3～5个不同的片区作为功能混合社区的减碳效应分析对象。

步骤2：收集片区的社区经济和社会属性数据。片区内的公共交通可达性水平、社会经济属性对交通出行具有重要影响。因此，首先需要分析这些属性是否对比较片区的交通出行有重大影响。比较片区应在年龄结构、家庭收入、公共交通可达性等方面条件基本一致。

步骤3：量化片区的功能混合度。不同的比较片区可以在功能定位和用地混合度方面有所差异。度量片区内各类建设用地（住宅、商业、社区服务、学校、绿地等）面积比例可以量化功能混合度。功能混合度有不同的计算方法，可以参考后文案例部分。

步骤4：量化片区的交通出行特征。调研收集比较片区的居民交通出行特征数据，可以包括：

• 出行次数（单位：次/d）：人均出行总次数、人均私人小汽车出行次数、人均慢行出行次

数、人均公共交通出行次数等。

- 出行方式结构（单位：%）：步行、非机动车、公共汽车、轨道交通、小汽车、出租车/网约车等。

步骤5：分析出行目的和出行方式的关系。 梳理出行方式与通勤性出行目的地（如学校、上班地点）和非通勤性出行（如购物、消闲、其他）的关系。

步骤6：比较不同片区的功能混合度与出行方式的关联。 分析比较不同片区的功能混合度与出行方式的关联度。

步骤7：建立城市片区功能混合度碳减排指标。 根据不同片区的出行结构和出行量计算社区交通出行的碳排放量，比较不同片区的碳排放量差异和功能混合度，建立适合的功能混合度规划参考指标。若数据允许，调研可以覆盖城市中一定数量的片区，建立关联度统计和线性回归模型，预测碳减排量。

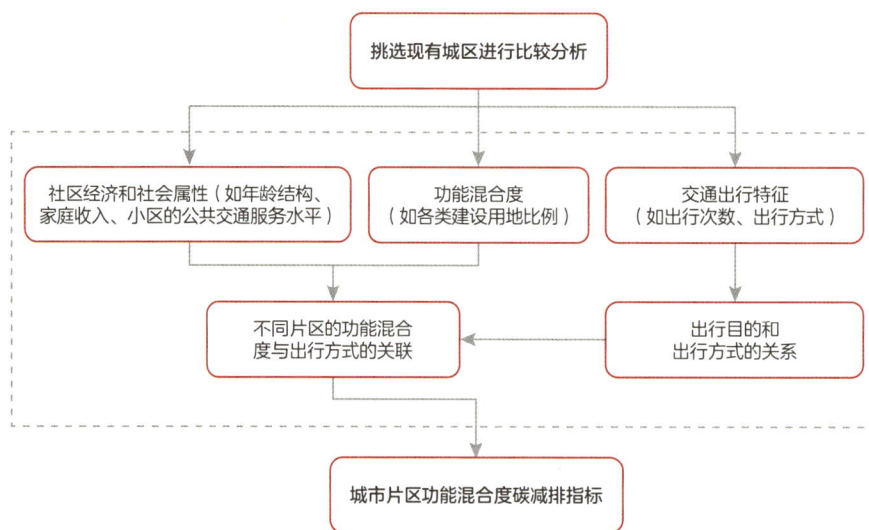

功能混合的碳减排量测算技术路线

5.4 参考研究与案例

本节梳理了目前国内与功能混合社区目标与措施有关的碳排放量化评估研究和案例，通过要点和研究摘要综述，为城市规划与建设提供科学性、合理性及技术性的参考。

研究指出：在15分钟生活圈指标达标情景下，全年总出行二氧化碳排放量可下降5%左右，而全年周末总出行二氧化碳排放量可下降10%左右。

本案例研究指出社区生活圈是居民日常活动最频繁的城市空间，社区生活圈规划直接影响了居民的生活方式和用能习惯。研究关注居民生活行为带来的碳排放影响，探索如何通过社区生活圈规划引导更低碳的生活方式，以实现减碳效应。研究对上海市全域（不含崇明岛）开展社会生活圈减碳潜能评估❶。

出行方面，研究通过构建多元线性回归模型探究社区配套设施和城市形态如何影响居民出行的交通方式选择；居家生活方面，研究关注社区配套设施如何影响居民就餐习惯和居家时长，进而影响生活用能和碳排放水平。

有关研究成果包括：

- 社区配套设施的覆盖情况和城市形态都对居民低碳出行的选择有显著的影响。社区配套设施覆盖程度越高，城市形态越紧凑，居民对低碳出行的偏好越强。社区生活圈规划带来的设施配置提升能优化居民的出行结构，具体表现为公共汽车、地铁、慢行出行总距离占比的增加和小汽车出行总距离占比减

少，从而带来出行碳排放量的降低。

- 随着路网密度、公交站覆盖率、公园广场覆盖率、文化活动设施覆盖率增加，居民整周使用小汽车出行距离减小，采用公共汽车、地铁和慢行出行总距离增加。

- 文化活动设施覆盖率的提高可以显著提升周末居民乘坐地铁出行的距离，缩短小汽车出行的距离；公园广场覆盖率对居民周末慢行出行的距离也有较为明显的影响。

- 研究以上海半淞园街道、盈浦街道为例，预测在社区生活圈指标达标情景下❷，全年总出行二氧化碳排放量可下降5%左右，全年周末总出行二氧化碳排放量可下降10%左右。

- 研究以上海北新泾街道15分钟社区生活圈规划为例，进行社区生活圈试点减碳潜力评估。在15分钟生活圈规划情景下，北新泾街道全年总出行二氧化碳排放量下降18.68%，全年周末总出行二氧化碳排放量下降5.6%。说明15分钟生活圈规划对居民的通勤出行和生活出行都会产生较大影响，减碳潜力较大。

---

❶ 能源基金会，北大国土空间规划设计研究院，北京数城未来科技有限公司，清华大学建筑学院. 城镇社区生活圈规划减碳潜力评估研究[R]. 能源基金会，2023.

❷ 其中包括混合社区功能与设施的达标指标：基础教育设施覆盖率（小学500m、初中1000m服务半径覆盖区域比例100%）、社区养老设施覆盖率（日间照料中心300m、全日制养老院1000m服务半径覆盖区域比例100%）、托养设施覆盖率（幼儿园和托儿所300m服务半径覆盖区域比例100%）、文化活动设施覆盖率（含青少年、老年活动中心/活动站，500m服务半径覆盖区域比例100%）、菜市场密度（1.3个/km²）、医院覆盖率（卫生服务中心、社区医院、门诊部1000m服务半径覆盖区域比例100%）、社区服务中心密度（0.3个/km²）。

位于农村边缘地区、面积约为3km²、混合用途社区的社区年人均碳排放量为3.8t/人。

本案例研究对中国、韩国、日本部分城市—农村边缘地区、功能混合社区的碳排放量进行了分析。每个社区面积约3km²，包括工业、商业、旅游和出租公寓等用地。研究使用排放因子法计算碳排放量[1]。

研究比较综合结果包括:

- 功能混合社区的年平均碳排放量为25511.51t，而每个地块的年平均碳排放量为164.12t。
- 单一地块年碳排放量最高的社区位于广东省佛山市九江镇，年碳排放量为8834.45t。
- 单一地块年碳排放量最低的社区年碳排放量为861.5t，位于浙江省舟山市普陀区。
- 所有地块的年人均碳排放量为3.8t/人。

研究模型选定的碳排放驱动因素

首要指标	二级指标	单位
建成空间指标	建成区建筑密度	%
	市政配套设施面积	m²
	容积率	—
	绿地率	%
工业经济指标	人均收入	美元
	主导产业集中度	%
	单位用地国内生产总值	美元/hm²
材料消耗指标	单位用地耗电量	(kW·h)/hm²
	单位用地耗水量	t/hm²
	单位用地能源消耗量	kJ/hm²
	单位用地生产生活资料消耗量	t/hm²
社会行为指标	人口波动率	%
	单位用地人口	人
	职住比	%
	人均绿色交通出行率	%

来源:ZHU X, et al.. Analysis on spatial pattern and driving factors of carbon emission in urban-rural fringe mixed-use communities: cases study in East Asia[J]. Sustainability，2020(12): 3101.

---

[1] ZHU X, et al.. Analysis on spatial pattern and driving factors of carbon emission in urban-rural fringe mixed-use communities: cases study in East Asia[J]. Sustainability, 2020(12): 3101.

北京用地混合程度高、公交和步行可达性高的街区的居民人均碳排放量低

胡同平房居民年人均二氧化碳排放量为1.75kg/人，远低于商品房和经济适用房社区居民的3kg/人。

本案例研究探讨了不同社区的规模、形态对居民出行碳排放量的影响。研究收集了北京1048名居民2007年的活动记录。使用结构模型分析发现，住在功能混合程度较高、公交可达性高和行人出行更便利的社区的居民日常出行更倾向于低碳方式（公共汽车、地铁、自行车、步行）[1]。

其中胡同和单位大院尤为典型，因为它们不仅距离市中心更近，而且其特征是人口密度高、混合土地使用、靠近零售和服务、公共交通便利、行人友好。

相比之下，商品房和经济适用房社区更倾向于采用用地功能单一的规划模式和以小汽车为导向的街道设计。这些社区的人口密度和商业零售覆盖程度往往较低，街道设计对慢行出行也不够友好。

研究分析数据结果显示：

北京城市社区的四种类型
来源：LIU Z L, MA J, CHAI Y W. Neighborhood-scale urban form, travel behavior, and CO_2 emissions in Beijing: implications for low-carbon urban planning[J]. Urban geography, 2016, 38: 3, 381-400.

---

❶ LIU Z L, MA J, CHAI Y W. Neighborhood-scale urban form, travel behavior, and CO_2 emissions in Beijing: implications for low-carbon urban planning[J]. Urban geography, 2016, 38: 3, 381-400.

- 胡同和单位大院的居民选择低碳出行方式的比例更高，超过80%。而商品房社区的这一比例为60%~70%，经济适用房社区为70%~80%。

- 就二氧化碳排放而言，胡同居民的年人均二氧化碳排放量为1.75kg/（人·a），远低于商品房和经济适用房社区居民的3kg/（人·a）。

案例5D
北京、武汉和西安：规划建设职住平衡的卫星城市和多中心城市可以大幅减少碳排放量

规划建设职住平衡的卫星城市和多中心城市可以大幅减少交通碳排放量。到2050年，与基准场景比较，可以减低碳排放量达51%~82%。

本案例研究的三个案例城市——北京、武汉和西安都是中国的历史文化名城，分别位于我国东部、中部和西部地区，都具有城市快速发展的特征。研究建立了交通出行二氧化碳排放模型，计算多中心城市和卫星城市城市形态对碳排放的影响，分析了人均GDP与地铁服务的碳排放影响因素。研究结果表明，多中心城市形态与职住平衡的卫星城市是未来交通领域减碳的关键手段[1]。

基于模型结果，研究预测了不同城市交通政策以及新能源发展的情景下未来居民的交通出行碳排放量。研究成果包括：

- 通勤出行的碳排放量和人均GDP之间存在非线性正相关关系。

- 家庭出行碳排放弹性占人均GDP碳排放的1.9%，个人通勤出行碳排放弹性占人均GDP碳排放的1.45%。

- 规划、建设职住平衡的卫星城市和多中心城市可以大幅减少碳排放量。到2050年，可以比基准情景降低51%~82%的交通碳排放。

- 与基准情景相比，到2050年，推广电动小汽车、电动公共汽车、地铁和提高能源效率等可以减少48%~57%的交通碳排放。

- 若实现以上这些政策和技术综合实施，到2050年，与基准情景相比，可以减少大约90%的交通碳排放。

❶ YANG L, et al. Factors and scenario analysis of transport carbon dioxide emissions in rapidly-developing cities[J]. Transportation research part D, 2020, 80: 102252.

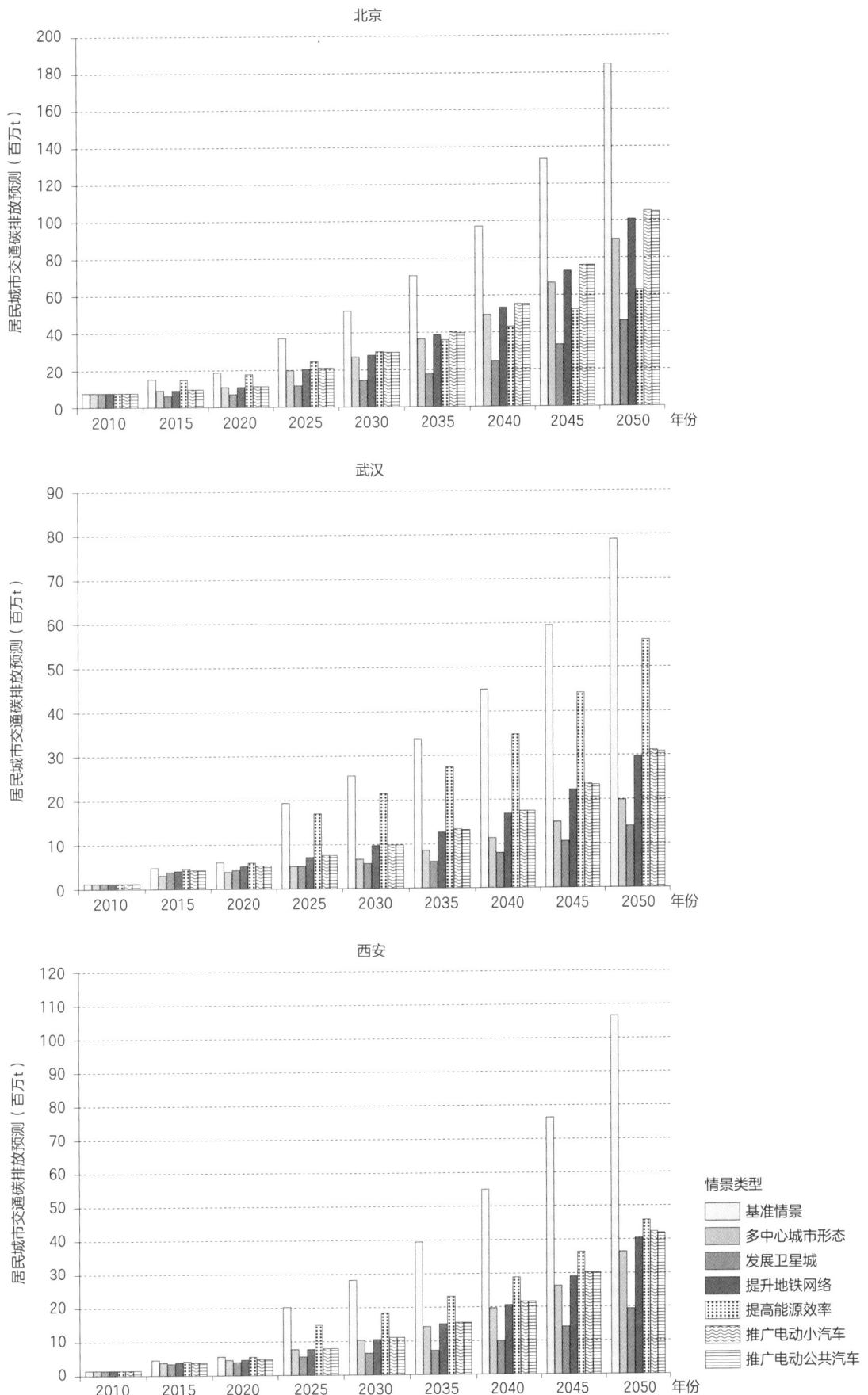

北京

武汉

西安

情景类型
基准情景
多中心城市形态
发展卫星城
提升地铁网络
提高能源效率
推广电动小汽车
推广电动公共汽车

7种情景下居民城市交通碳排放预测

来源：YANG L, et al. Factors and scenario analysis of transport carbon dioxide emissions in rapidly-developing cities[J].
Transportation research part D, 2020, 80: 102252.

第6章

小街区

建设密集街道网络，打造人性尺度的街区，优化步行、骑行和机动车交通流

6.1 原理

　　"小街区是高效城市交通网络的重要元素。其中的窄街和小路可以组成密集的网格，更便于行人出行。这一设计原则可以减少小汽车使用，改善空气质量。与此同时，小街区形成了分散的交通路线，有助于优化道路上的小汽车交通流。小街区还可以衍生出多样化的公共空间、建筑和活动，从而有助于提高社区活力。……在超大街区，所有交通集中在几条主干道上，造成了交通拥堵。宽阔的街道也会对行人出行造成障碍，刺激更多人驾车出行"❶。

丹麦小街区街道

----

❶ 卡尔索普事务所，宇恒可持续交通研究中心，高觅工程顾问公司. 翡翠城市：面向中国智慧绿色发展的规划指南[M]. 北京：中国建筑工业出版社，2017.

有哪些关于小街区的政策文件？

　　我国小街区的发展经历了从传统大街区封闭小区模式向现代小街区开放模式的转变。早期城市规划多采用功能分区和封闭管理，导致交通不便和社区隔离。随着城市化进程的加快和国家政策的引导，逐步推行"窄马路、密路网"的模式。通过增加道路密度和开放街道网络，居民出行更加便捷，减少了对小汽车的依赖，促进了步行和自行车等低碳交通方式的发展，增强社区互动和活力。

　　我国政策强调通过缩小街区规模、增加道路密度和开放街道网络来提升城市宜居性和可达性。例如，2016年，中共中央、国务院印发《关于进一步加强城市规划建设管理工作的若干意见》，明确提出要推广"窄马路、密路网"的模式，避免建设大规模封闭小区，改善交通和生活环境。《"十四五"规划和2035年远景目标纲要》进一步要求加强城市空间结构优化，新建住宅推广街区制，促进城市的高质量和可持续发展。

上海市崇明区城桥镇道路系统规划图
来源：《崇明区城桥镇国土空间总体规划（2021—2035）》（公示版）

6.2 规划设计目标与措施

小街区的规划要达到建设人性尺度的街区和街道及通过密路网分散车流的目标，应采取以下4个措施。

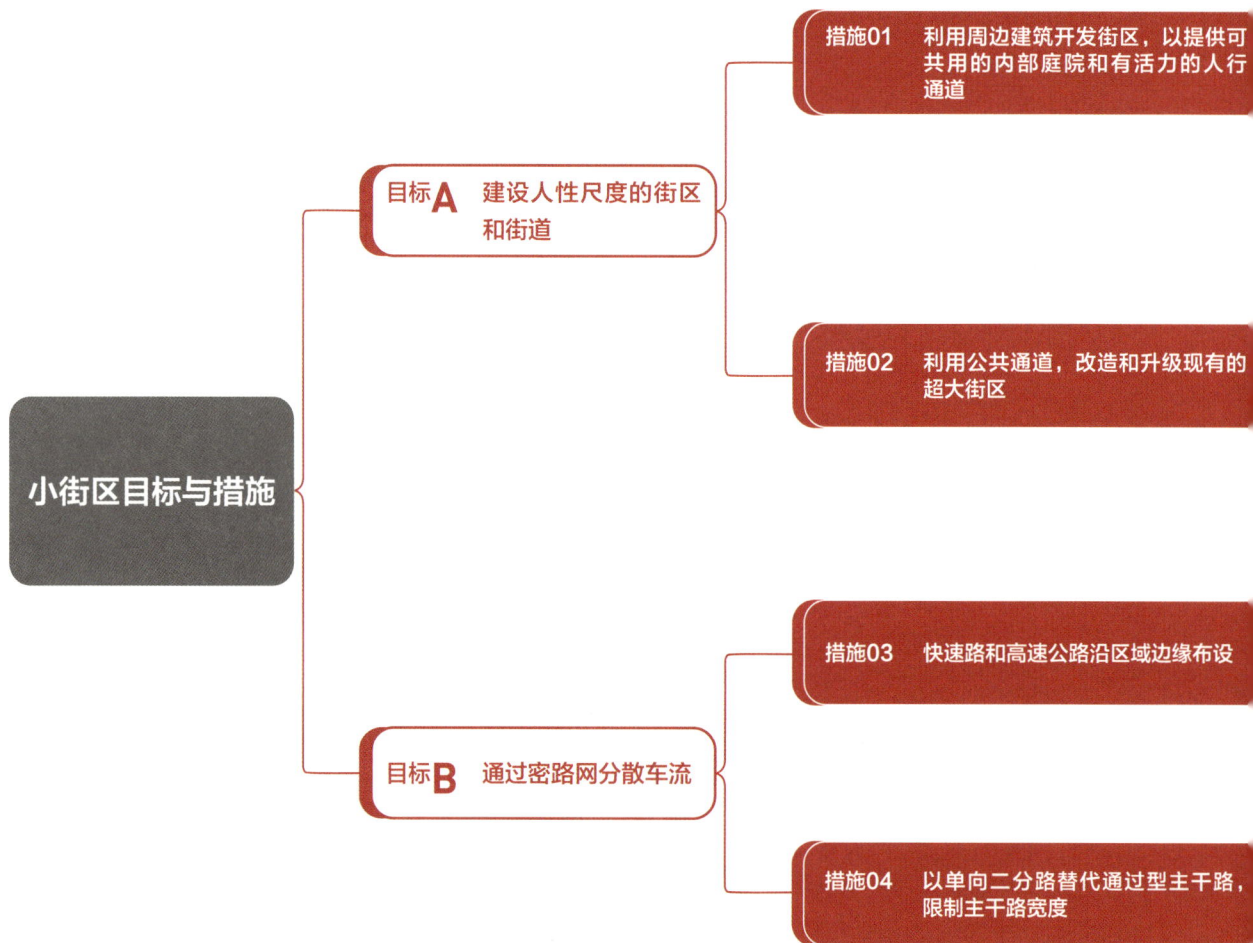

		措施01	利用周边建筑开发街区，以提供可共用的内部庭院和有活力的人行通道
目标A	建设人性尺度的街区和街道		
		措施02	利用公共通道，改造和升级现有的超大街区
小街区目标与措施			
		措施03	快速路和高速公路沿区域边缘布设
目标B	通过密路网分散车流		
		措施04	以单向二分路替代通过型主干路，限制主干路宽度

小街区目标与措施

◎ 高质量的设计是小街区的关键。需要建立一套城市设计控制准则，以创造充满活力、适宜步行的街道界面。

◎ 每一个小街区可以有一个中央庭院或半公共空间。

◎ 在每个街区四周设置零售商铺及住宅建筑，创造和提升独特的社区印象和特征。

◎ 街区可由通透但安全的栅栏围合。

◎ 将底层提供给商业和公共设施可以丰富社区的街道生活。设计充满活力的街区少不了有助于提高街道环境活力的生活福利设施，例如长椅、户外咖啡厅、报亭等。这些设施便于居民聚会、休闲和娱乐，可以丰富街道生活，刺激本地商业发展。

◎ 在新区规划和现有街区改造中采取"小街区、密路网"的原则设计街区空间与路网布局。

◎ 鼓励改造和升级现有的超大街区。在许多情况下，可以通过给慢速机动车交通、行人和自行车开放内部道路来实现。

◎ 密路网格局由小街区和更细密的街道网络组成。在原有的超大街区中增设无车街道，创造更直接的慢行联系，提高行人安全，使超大街区更人性化、更适宜步行。

◎ 以主干道为主导的超大街区网格优先考虑的是小汽车而不是人，抑制了行人活动。小街区的城市密路网则是以人为本，鼓励步行，促进了经济活动。

◎ 快速路和高速公路只能布设在片区边缘地带。一般城市总体规划或片区规划都会同时采用城市格网与超大街区系统。城市格网适用于混合开发区域、高密度住宅或商业区域，如核心车站区域；超大街区系统适用于用地性质以制造、工业、仓储或大型机构功能为主的区域。这两种系统都需要适量的快速路和高速公路支撑，但快速路和高速公路布设在片区边缘地带为前提。

◎ 利用二分路分散交通量，同时避免给行人造成障碍。二分路应用于郊区主干路或高速路衔接城市中心区的密路网。

◎ 改造传统主干道或大型街道，避免传统设计需要同时协调至少两个方向的交通流。单向二分路只服务于单向交通，从而减少了交通流线冲突点，使得二分路沿线交叉口及与其垂直道路交叉口间的信号灯可以实现协调联动。

什么是单向二分路？

单向二分路是两条平行反向的单行道。单向二分路通常设置于市中心街道格网中，二分路中的两条单行道一般分布在一个边长为100～200m大小的街区两侧。尽管单向二分路可以用于很多类型的区域，诸如高密度商业区、混合用途的市中心区域和居住区等，但其主要用途仍是应用于高密度开发的区域，用以改善交通状况。单向二分路因其已经被证明不但能够使行人、自行车和公交受益，也有助于改善小汽车交通状况，已经被城市交通领域众多专家广泛认可。

6.3 减碳效益关系

本章将从小街区如何通过空间形态规划影响社区内居民碳排放相关活动量和居民出行方式的角度分析小街区的减碳效益。

小街区的减碳量测算方法

小街区降低社区碳排放量主要是通过空间形态规划设计（如建筑规模、混合用途、空间和行人流向布局、道路设计标准、控制小汽车使用等）影响社区内活动量与居民的行为。要分析街区形态和减碳排放量的关系，首先需要建立对街区空间形态的度量方法。

碳排放按大类可以划分为生产性碳排放和生活性碳排放两大类型。居住功能街区的碳排放主要表现为生活性碳排放。与生活性的活动量、居民行为有直接或间接关系的碳排放量包括[1]：

- 衣物消费型碳排放；
- 食品消费型碳排放；
- 物质消费型碳排放；
- 居住型和交通出行碳排放。

衣物消费型碳排放：服装的设计、生产、包装、运输、销售和回收处理等环节过程中的碳排放，主要是发生在生产和回收过程中的能源消耗。

食品消费型碳排放：发生在食品的生产、运输、烹饪和餐厨垃圾处理等环节。

物质消费型碳排放：主要包括文娱、体育和医疗卫生保健等用品消费过程中的碳排放。

居住型碳排放：主要发生在住宅建筑内采光、供暖、娱乐、清洁等过程中，具体包括水、燃气、煤炭、电等能源消费过程中的碳排放。

交通出行碳排放：包括上下班、上下学、休闲娱乐、医疗、购物、探亲访友等一系列出行过程中使用交通工具带来燃料能耗而产生的碳排放。

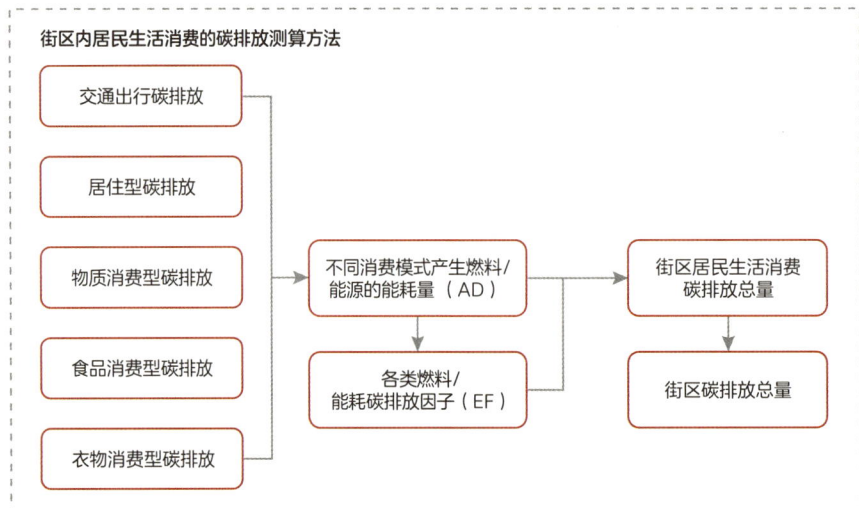

街区内居民生活消费的碳排放测算方法

小街区对碳排放量产生显著干预性作用
来源：雷文韬，杨辉. 空间规划对居住功能街区碳排放作用机制研究[J]. 室内设计与装修，2022（2）：116-117.

---

[1] 雷文韬，杨辉. 空间规划对居住功能街区碳排放作用机制研究[J]. 室内设计与装修，2022（2）：116-117.

（1）小街区对食品消费型碳排放量的影响

此类影响主要体现在烹饪和厨余垃圾回收的过程中。食品的烹饪过程中，街区的能源结构是影响碳排放的主要因素。空间规划可优化能源结构的供给，降低碳排放。厨余垃圾回收处理过程中影响碳排放量的是垃圾分类制度、垃圾回收方式和技术。空间规划可以通过优化垃圾回收站点布局降低碳排放。

（2）小街区对居住型碳排放量的影响

此类影响体现在不同能源的消费结构和总量，具体与4个建筑能耗与居住行为有关：供暖、制冷、采光、通风。因此，从空间规划角度通过调控建筑设计的目标高度、朝向、街道方向、能源系统规划的布局等可以降低碳排放量。

（3）小街区对交通出行碳排放量的影响

由于居民日常出行行为的多样性，空间规划对碳排放的影响也体现在多个方面。居民出行的目的包括：上下班、上下学、公务业务、购物、休闲娱乐、探亲访友、旅游度假等。在空间规划过程中可以采取以下措施降低碳排放：第一，提高不同服务设施的可达性，减少居民的远距离出行或使用小汽车的需要；第二，提高慢行系统和公交站点覆盖率，改变出行结构；第三，通过提高路网密度等方式提升交通通达性和出行的效率。

丹麦街区

小街区在居民出行行为的减碳效益

我国在过去高速的城市扩张过程中，新城区空间形态都以大街区、宽马路为主要的交通道路规划标准。近年在规划相关政策中出现了明显的改变：

- 在国家政策方面，中共中央、国务院于2016年印发的《关于进一步加强城市规划建设管理工作的若干建议》中明确提出：加强街区的规划和建设，分梯级明确新建街区面积，推动发展开放便捷、尺度适宜、配套完善、邻里和谐的生活街区；树立"窄马路、密路网"的城市道路布局理念。

- 《城市综合交通体系规划标准》（GB/T 51328—2018）中要求贯彻"小街区密路网"和街区开放的理念，将道路与城市活动结合，按照街区尺度确定支路网密度。将开放街区中可以作为步行、自行车通行的非市政道路纳入支路系统，以提升步行、自行车交通网络的密度。规定中心城区内道路系统的密度不宜小于8km/km²，城市土地使用强度较高地区，各类步行设施网络密度不宜低于14km/km²，其他地区各类步行设施网络密度不应低于8km/km²。

- 2020年8月发布的《上海市慢行交通规划设计导则》提出，鼓励"窄马路、密路网"的城市道路布局理念，以适宜人的活动为原则，建议形成2hm²左右的街坊尺度。依托新城内部主次干路和支小道路网络的完善，增加慢行网络密度，优化街区慢行网络结构、新城集中建成区步行交通网络全路网密度达到8～10km/km²，非机动车交通网络全路网密度达到6.5～8km/km²。工业区和物流园区的步行和非机动车交通网络密度应根据产业特征确定，可适当降低要求，但网络密度均应大于4km/km²。

提倡建设"小街区、密路网"，有助于营造尺度适宜、空间紧凑、功能丰富的舒适街区。一方面可以满足居民基本生活服务需求，另一方面也可以减少因外出寻求生活服务导致的不必要通勤，使小汽车出行比例减低，减少交通碳排放量。

小街区可以通过提高绿色慢行出行网络覆盖率、提高路网密度与步行道空间质量、配合街区服务设施布局减少居民出行距离，改变居民出行行为，以步行方式替代其他机动出行方式，从而产生减碳效益。

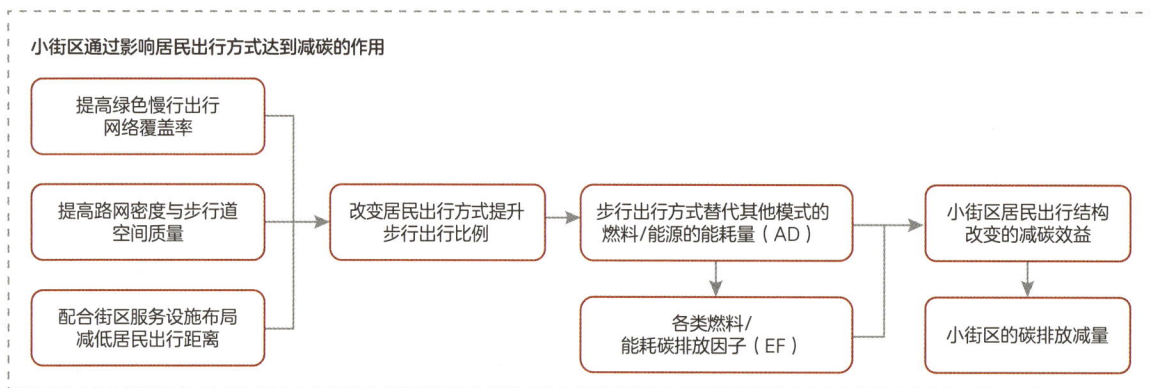

小街区改变居民交通出行结构产生的减碳效益

6.4 参考研究与案例

本节梳理了目前国内小街区目标与措施相关的碳排放量化评估研究和案例，通过要点和研究摘要的综述，为城市规划设计提供科学性、合理性及技术性的参考。

案例6A
济南家庭出行碳排放与城市结构关系密切

家庭户均出行碳排放量在不同街区类型之间呈现较大分化：传统胡同、密方格网和单位邻里式街区的碳排放量较低，且波动幅度较小；超大街区碳排放量则较高。

本案例研究以济南为例，开展基于城市形态与家庭出行的碳排放模型与分析[1]。从城市和街区两个尺度研究了城市形态对家庭出行碳排放的影响。研究通过分析济南市104个街区、2540户家庭出行调查数据发现：

- 城市尺度上，家庭出行碳排放与城市TOD结构和圈层结构关系密切，与城市多中心结构无关。
- 在街区尺度上，提高用地密度，加强用地混合，采取"小街区、密路网"和塑造良好街

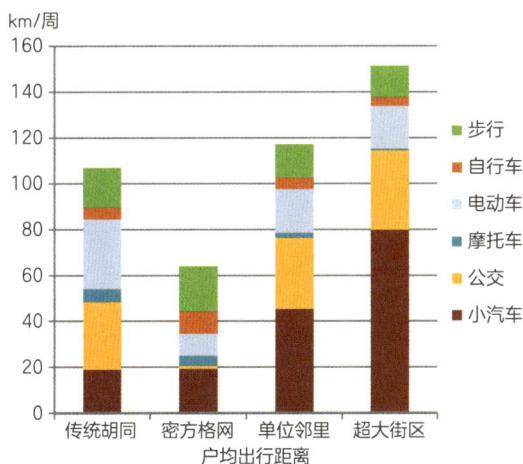

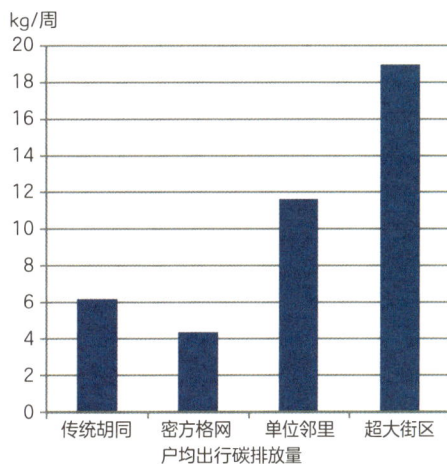

济南市街区类型与家庭户均出行距离和户均出行碳排放的关系
来源：姜洋. 基于城市形态的家庭出行碳排放模型研究——以济南为例[D]. 北京：清华大学，2016.

---

[1] 姜洋. 基于城市形态的家庭出行碳排放模型研究——以济南为例[D]. 北京：清华大学，2016.

道界面有利于减少家庭出行碳排放。

- 家庭户均出行碳排放量在不同街区类型之间呈现较大分化。2014年传统胡同每周家庭户均出行碳排放量为5.46kg，密方格网为4.04kg，单位邻里为10.27kg，明显低于超大

街区的23.04kg。传统胡同、密方格网和单位邻里式街区的碳排放量较低且波动幅度较小，超大街区碳排放量较高。

案例6B
以昆明市呈贡新区为案例，街区尺度与路网密度对碳排放有明显影响

从大街区转变为小街区，居民的出行距离明显缩短，每年二氧化碳排放量可以从7.6万t降低到1.9万t，减少5.7万t（约75%）的碳排放量。

本研究以昆明市呈贡新区为案例，分析了街区尺度与路网密度对碳排放的影响[1]。

研究指出目前超级街区和大尺度路网是我国多数城市规划主要的空间形式。近年来，一些城市已经开始关注并尝试"小街区、密路网"，以推动如公共交通、自行车和步行等低碳交通方式的发展。

昆明市呈贡新区是国内新区规划建设中的典型案例。新区核心区在路网规划、道路设计等方面引入了"小街区、密路网"规划模式。2013年版规划方案是在2006年规划方案中主次干道间距为400～500m的路网结构上加密形成的：

- 根据实际情况在主次干道之间加入2～3条地方街道。
- 路网密度由原来6.27km/km²提高到11.82km/km²。
- 街区尺度为75～198m，但道路面积率由27.4%提高到34.5%，仅增加了7%。
- 研究分析了在案例规划范围内每个家庭每周的出行距离及该距离在小街区和大街区两种类型的城市形态下的碳排放量。

研究显示，在10km²的范围内，规划人口为19.8万；每户平均为3.5人。如果从大街区转变为小街区[2]，居民的出行距离明显缩短，每年二氧化碳排放量可以从约7.6万t减少至1.9万t，减少了约75%的碳排放量。

❶ WANG Z, LI L, LI Y. From super block to small block: urban form transformation and its road network impacts in Chenggong, China[J]. Mitigation and adaptation strategies for global change, 2015, 20: 683-699.

❷ 申凤，李亮，翟辉. "密路网，小街区"模式的路网规划与道路设计——以昆明呈贡新区核心区规划为例[J]. 城市规划，2016（5）：43-53.

2006年版

路网密度：6.27km/km²
道路面积率：27.4%

2013年版

路网密度：11.82km/km²
道路面积率：34.5%

呈贡新区核心区规划：提高道路密度
来源：申凤，李亮，翟辉．"密路网，小街区"模式的路网规划与道路设计——
以昆明呈贡新区核心区规划为例[J]．城市规划，2016（5）：43-53．

在西安市中心城区，街区人均年碳排放量为120.61~9248.91kg/（人·a），碳排放总量较高的街区集中在用地规模较大的街区。

本案例研究范围为西安市中心城区，选取了878个居住街区作为研究对象，重点探讨了居住街区空间形态影响要素，确定了低碳化导向下的居住街区空间形态指标，估算了西安市中心城区居住街区碳排放量[1]。

研究结合现有有关规范中的居民生活相关能耗指标，量化了878个居住街区样本的空间形态指标。部分主要指标如下：

- 用地规模平均为106865.6m²，其中最小为4554.73m²，最大为656095m²。
- 建筑密度平均为27.71%，其中最低为15.69%，

最高为65.62%。
- 公交站点每公顷的密度平均值是0.05，其中最高值为0.94，最低值为0。
- 容积率均值为2.01，容积率最高为6.5。

西安市中心城区居住街区碳排放总量分布如下图所示，地块年碳排放量为378.6~94447.02t，碳排放总量较高的街区集中在用地规模较大的街区，主要分布在城市一环路外北部与一环路外南部，呈现出用地规模越小、街区碳排放量越低的趋势。同时街区人均年碳排放量为120.61~9248.91kg/（人·a），空间上呈现出由一环路向外逐渐递减的趋势。

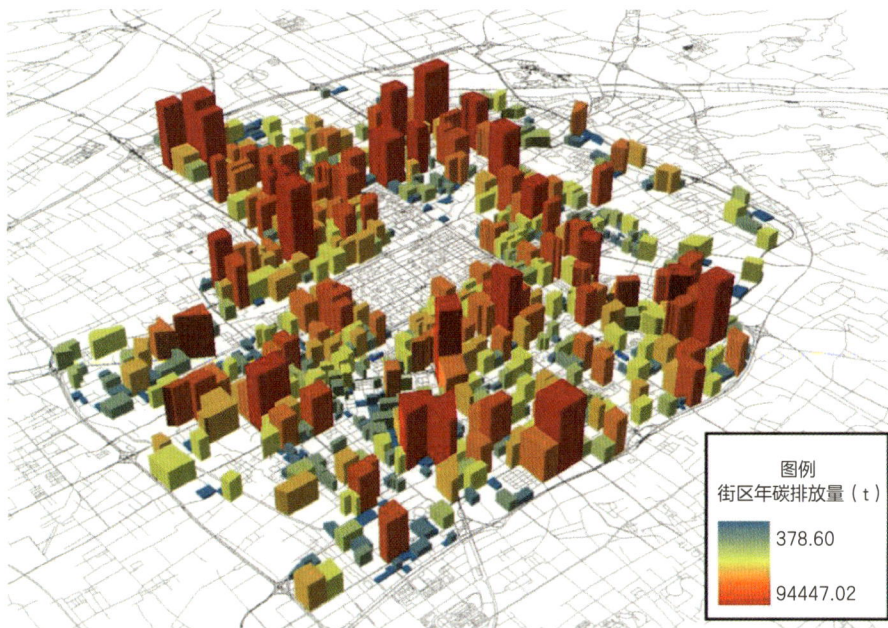

图例
街区年碳排放量（t）

378.60

94447.02

西安市中心城区居住街区年碳排放量空间分布图
来源：宋楠楠. 低碳化导向下的城市居住街区空间形态规划优化研究——以西安市为例[D]. 西安：西安建筑科技大学，2021.

❶ 宋楠楠. 低碳化导向下的城市居住街区空间形态规划优化研究——以西安市为例[D]. 西安：西安建筑科技大学，2021.

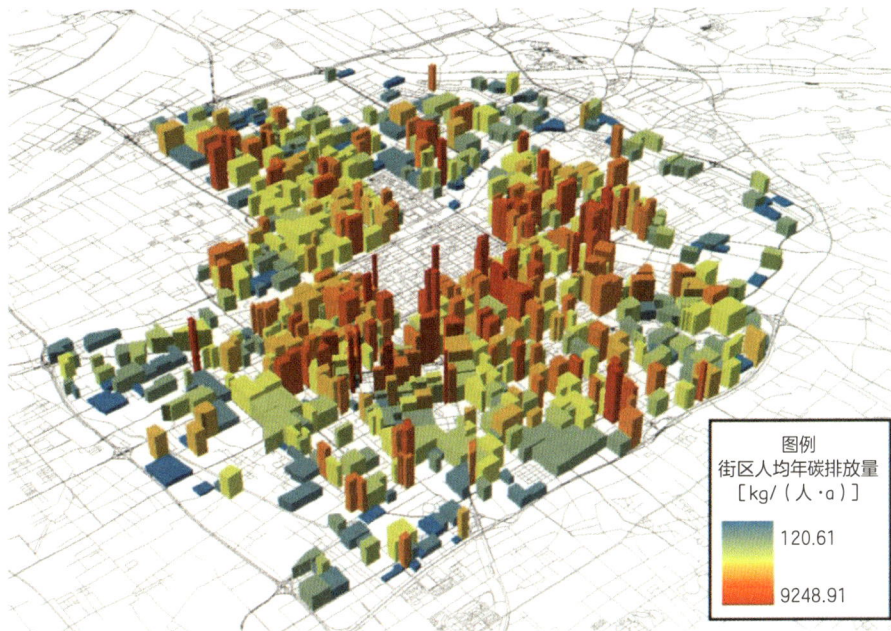

西安市中心城区居住街区人均年碳排放量空间分布图

来源：宋楠楠．低碳化导向下的城市居住街区空间形态规划优化研究——以西安市为例[D]．西安：西安建筑科技大学，2021．

第7章

公共空间

提供人本尺度的，可达性高的市政配套设施、绿地和公园

7.1　原理

　　"好的城市公共空间能够汇集不同的人群，创造城市活力，且提升周边地产的价值。公共空间能够提供一种归属感，且对建立良好的社区和提升生活品质都至关重要。如果没有足够的公共空间，高密度的社区会使居民觉得拥挤不堪，且不舒适"❶。

俄罗斯莫斯科河滨河公园
来源：https://mp.weixin.qq.com/s/fq4uBlr2MEmcjvrndeFGkA.

---

❶ 卡尔索普事务所，宇恒可持续交通研究中心，高觅工程顾问公司. 翡翠城市：面向中国智慧绿色发展的规划指南[M]. 北京：中国建筑工业出版社，2017.

有哪些关于"公共空间"的政策文件?

关于"公共空间",多部政策文件均提出打造高品质、高效利用的公共空间体系,以提升城市居民生活质量。例如:

自然资源部于2020年发布《市级国土空间总体规划编制指南(试行)》,提出完善公共空间和公共服务功能,营造健康、舒适、便利的人居环境。重点提出医疗、康养、教育、文体、社区商业等服务设施和公共开敞空间的配置标准和布局要求,建设全年龄友好健康城市,以社区生活圈为单元补齐公共服务短板。结合街道和蓝绿网络,构建连通城市和城郊的绿道系统。完善蓝绿开敞空间系统,为市民创造更多接触大自然的机会。在中心城区提出通风廊道、隔离绿地和绿道系统等布局和控制要求。结合不同尺度的城乡生活圈,优化居住和公共服务设施用地布局,完善开敞空间和慢行网络,提高人居环境品质。

《北京城市总体规划(2016年—2035年)》,提出构建由公园和绿道相互交织的游憩绿地体系,**优化绿地布局**。将风景名胜区、森林公园、湿地公园、郊野公园、地质公园、城市公园六类具有休闲游憩功能的近郊绿色空间纳入全市公园体系。通过衔接大型公共服务设施、建设城市绿道、优化滨水空间、打开封闭街区、打通步行道、拆墙见绿、促进公园绿地开放共享等多种手段,增强公共空间有效连通,提高可达性,建设更加完善的公共空间体系,营造生活方便、环境宜人、景观优美、具有丰富文化体验的公共空间。

《深圳市国土空间总体规划(2021—2035年)》提出,以居住区为中心,按照步行15分钟可达的空间范围,完善基本公共服务设施空间配置,推动

与居民日常生活密切相关的便利店、综合超市、生鲜超市(菜店)等商业进社区,打造宜居舒适、包容混合、富有活力的居住环境。统筹兼顾品质提升和特色彰显,加快打造一批品质卓越的国际化街区,构建儿童友好、老年友好、人才友好、残障友好等全民、全龄友好型生活圈。以产业片区为中心,在步行15分钟可达的空间范围内适当增加居住和公共交往空间,结合不同类别的产业片区特点,差异化布局商业、教育、医疗、文化、体育等社区配套设施,推动传统产业片区向产城融合、功能完善、环境宜人的产业社区转型。

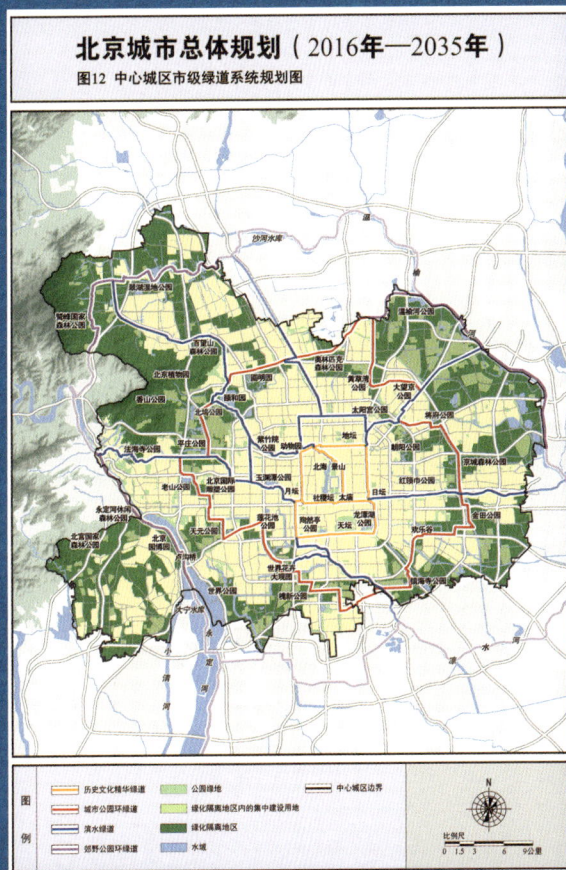

北京市中心城区市级绿道系统规划图
来源:《北京城市总体规划(2016年—2035年)》
https://www.beijing.gov.cn/gongkai/guihua/wngh/cqgh/201907/t20190701_100008.html.

7.2 规划设计目标与措施

为了提升公共空间对于城市的服务功能，在城市规划设计时应考虑设置一定的目标，例如在步行可达范围内提供丰富多样的公共空间和公园；提供人本尺度的广场、市民中心以及社区服务设施；提升城市公共绿地的生物多样性和碳汇功能。在目标的基础上可采取确保公共空间整洁且维护良好、采用生态设计原则等8项措施。

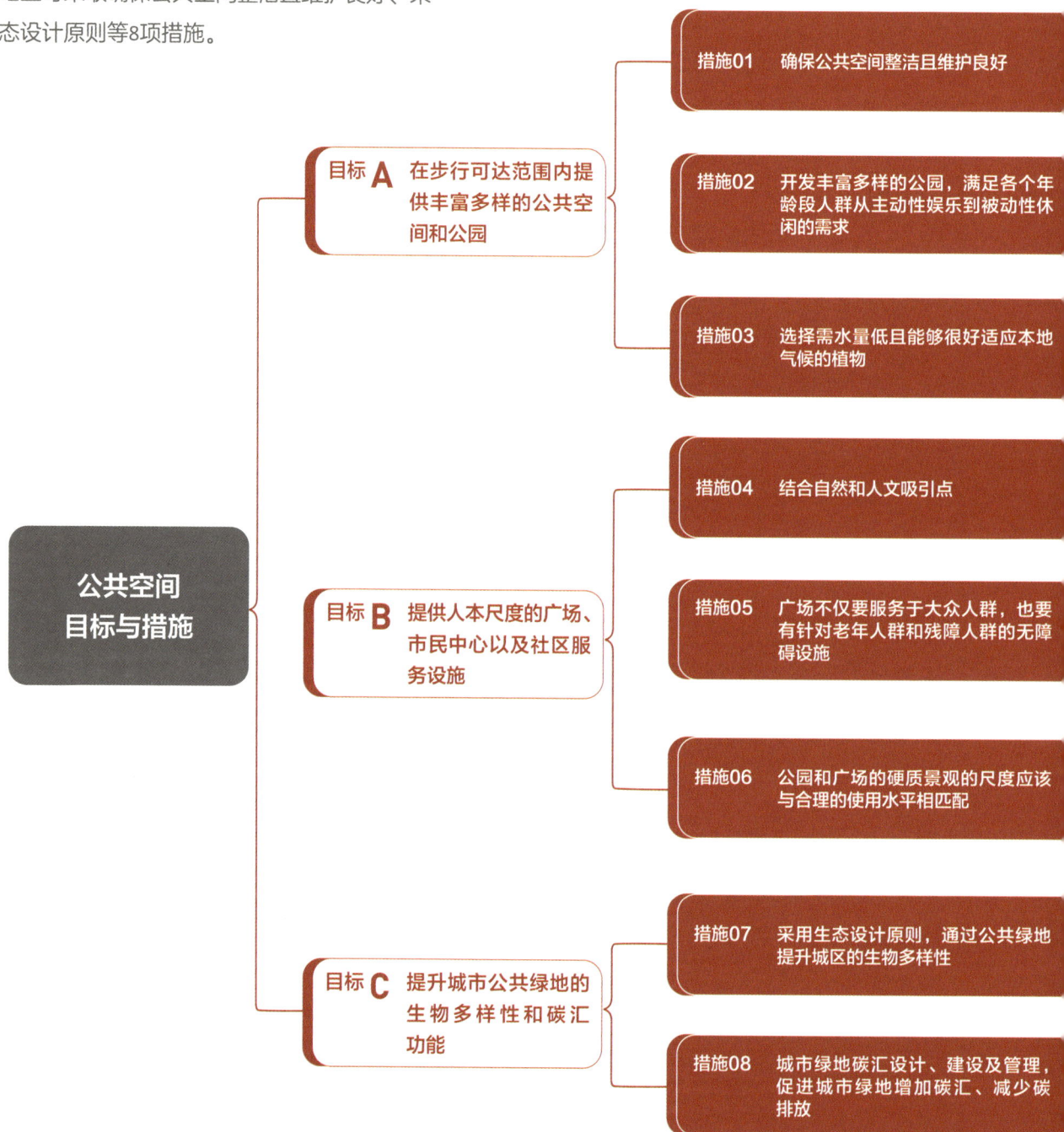

公共空间目标与措施

目标 A 在步行可达范围内提供丰富多样的公共空间和公园

措施01　确保公共空间整洁且维护良好

措施02　开发丰富多样的公园，满足各个年龄段人群从主动性娱乐到被动性休闲的需求

措施03　选择需水量低且能够很好适应本地气候的植物

目标 B 提供人本尺度的广场、市民中心以及社区服务设施

措施04　结合自然和人文吸引点

措施05　广场不仅要服务于大众人群，也要有针对老年人群和残障人群的无障碍设施

措施06　公园和广场的硬质景观的尺度应该与合理的使用水平相匹配

目标 C 提升城市公共绿地的生物多样性和碳汇功能

措施07　采用生态设计原则，通过公共绿地提升城区的生物多样性

措施08　城市绿地碳汇设计、建设及管理，促进城市绿地增加碳汇、减少碳排放

公共空间目标与措施

◎ 好的公共空间都需要精心维护，要确保公共空间的整洁和良好运行。

◎ 简单的措施，例如设置禁止乱扔垃圾的标识，每隔一定间距提供垃圾桶、堆肥箱和再回收箱，有助于减少垃圾，维护空间的整洁性。

◎ 应该根据公园的位置和面积，设计不同的功能。
◎ 社区级花园应该适合少量人聚集、孩子玩耍和日常锻炼。
◎ 大型社区公园应该提供相对安静的绿地供人们休闲，还要配置不同的运动场所，主要聚集地要结合慢跑道和登山道。

◎ 规划社区公园时，应充分考虑到该区域的特点，并且征求该区域内每个社区的意见。
◎ 公园的规划应该充分考虑到家庭、老年人及孩子们的需求。

◎ 节水型花园更具有可持续性。应该选择低需水量的适应本地气候的植物，在保持良好景观的基础上节约用水。

◎ 使用本地植物不仅能够减少维护成本，还有益于本地的生态系统，能够使生态系统得到自然维护，减少化学农药使用，还能够清洁空气。

◎ 社区公园需要突出重要的历史吸引点和自然吸引点。
◎ 结合公园的用途配备餐馆和咖啡馆，能够提高公园的活力和经济效益。

◎ 考虑配备花园、运动区域以及桌子等，帮助建立公园的归属感。

◎ 所有的公共空间包括广场都必须要具有包容性，能够满足所有市民的需求，包括老年人、残障人士和儿童。
◎ 公共空间的可达性要考虑到特殊人群，要为行动不便者提供如缓坡、栅栏、座椅等无障碍设施，保证所有人都能够顺利到达。

◎ 强烈建议将公共空间设置在服务设施，如商店、学校和儿童托管中心的周边，这样公共空间就可以成为人们日常生活轨迹中的一部分。

◎ 公园和广场的硬质景观会占据整个空间的绝大部分，公园和广场应该尽可能多地配备可达性好的绿地空间。
◎ 绿地系统还具有其他诸如净化空气、吸纳雨水、遮阳等作用以及健康效益。

◎ 空间的大小可以决定人们社交、互动的质量。100m的距离是"社交范围"，在这个距离内两个人可以感知对方。0~7m的距离是人们进行最重要的社交和互动的距离范围。这些指标都是在设计大型广场和公园内的小尺度、以人为本的空间时需要遵守的。

◎ 应保留场地原生地貌与植被，减少土石方工程量。

◎ 可利用场地地形地貌、生态环境、水文条件、植被景观等因素，改善自然生态环境，提升基地和周边的生物多样性等生态功能。

◎ 宜选择适应性强的乡土植物品种。

◎ 建立乡土植物习性表，作为生态设计参考。

7.3 减碳效益分析

要了解公共空间如何影响城市整体碳排放量水平，需要从两个核心概念梳理分析：

- 公共空间增汇效应；
- 公共空间碳汇测算方法。

公共空间增汇效应

碳汇（Carbon Sink）就是在某一特定时期内（通常为1年）生态系统可以从大气中吸取而固定的净碳量能力（碳清除量减去碳排放量）。当生态系统固定（清除）的碳量大于排放的碳量，该系统就成为大气二氧化碳的碳汇。留在生态系统中的碳含量会累积储存，成为不同的碳库。

全球储存在陆地生态系统中的碳的量约为2.4万亿t，其中土壤中储存的约81%，植被中储存的约19%。在城市和周边绿地生态系统中的植被和土壤作为碳储存的主体，会在排放二氧化碳的同时吸收（清除）二氧化碳，具有增加碳汇的功能。

国内外已有不少研究成果证实，生态系统有固定碳量的功能。政府间气候变化专门委员会（IPCC）于2000年已指出全球通过有效土地管理可以在2010年至2040年间，每年减少大气碳量10.27亿~22.35亿t，其中植被可以有3.1t/（hm²·a）的碳增汇功能。

但是随着城市土地扩张和绿地空间压缩，整个陆地和海洋生态系统碳汇功能逐渐变弱，城市绿地

空间的碳汇作用弥足珍贵。如政府间气候变化专门委员会（IPCC）于2021年发布的第六次评估报告（AR6）《气候变化2021：自然科学基础》中指出：与较低的二氧化碳排放情景相比，在较高的二氧化碳排放情景下，天然陆地和海洋碳汇预计将在绝对值上吸收越来越多的二氧化碳。然而，它们的吸收效果却会降低，即随着累积二氧化碳排放量的增加，陆地和海洋所吸收的碳排放比例会减少[1]。陆地和海洋的碳汇会随着城市发展和植被流失而带来的排放量的增加而减少[2]。

从城市规划视角，绿地等公共空间作为城市区域内最主要的近自然生态空间，除了作为公共空间提供休闲、文化、社交等功能外，也具有增加碳汇及降低碳排放的作用，在城市实现碳中和的过程中扮演重要角色。

城市绿地植被通过光合作用有效吸收、转化大气中的二氧化碳，并将其固定在植被和土壤中，从而降低二氧化碳的浓度。这是城市绿地公共空间影响碳中和的最直接途径。其减碳效益和增汇效益与植物类型、年龄、规格和群落结构、大气温度与相对湿度及人为干扰相关性较强[3]。

公共空间碳汇测算方法

作为城市范围内唯一的直接增汇、间接减排要素的城市绿地公共空间，精确测量其碳汇量并分析其影响因素，能直观反映城市绿地公共空间的碳中和作用，对于促进城市低碳转型具有重要意义。

相关学者对城市绿地碳汇的计量监测已开展了许多研究，梳理了多种城市绿地碳汇计量监测方

---

❶ IPCC. Summary for policy makers climate change 2021: the physical science basis[R]. Contribution of working group I to the sixth assessment report of the Intergovernmental Panel on Climate Change, 2021.

❷ AZAR C, JOHANSSON D J A. IPCC and the effectiveness of carbon sinks[J]. Environmental research letters, 2022, 17: 2-4.

❸ 王永华，高含笑. 城市绿地碳汇研究进展[J]. 湖北林业科技，2020，49（4）：69-76.

法，主要有样地清查法、同化量法、微气象法、遥感估测法等[1]，可供参考。但总体上仍主要参照森林碳汇的计量监测方法，缺乏专门针对城市绿地的技术标准，未能有效支持在城市规划设计过程中估算公共绿地在方案中产生的碳汇量。

城市规划设计方案中的植物总碳汇量估算

在城市规划设计方案编制阶段估算植物总碳汇量需要相应的分析方法，在编制城区或地块尺度的规划设计方案过程中可以提出绿地公共空间的整体布局，同时又对植被的种类（如乔木、灌木、草本植物等）有所说明。在此基础上可以估算城市规划设计方案中的植物总碳汇量。本书参照2022年发布的《天津市城市绿地碳汇设计导则（试行）》作为估算的基本路线参考。

城市绿地植物总碳汇量为绿地内乔木、灌木和草本植物的碳汇量之和，基本公式如下[2]：

$$C_{总} = C_{乔} + C_{灌} + C_{草}$$

式中：$C_{总}$——城市绿地植物总碳汇量（单位：t/a）；
$C_{乔}$——乔木层碳汇量（单位：t/a）；
$C_{灌}$——灌木层碳汇量（单位：t/a）；
$C_{草}$——草本层碳汇量（单位：t/a）。

（1）乔木层总碳汇量

乔木层总碳汇量为绿地内所有种类乔木单株碳汇量与株数的乘积之和，公式如下：

$$C_{乔} = \sum_{i=1}^{n} (C_i \cdot m_i)$$

式中：$C_{乔}$——乔木层碳汇量（单位：t/a）；
C_i——第i种乔木单株碳汇量（单位：t/a）；
m_i——绿地内第i种乔木的数量（单位：株）。

（2）灌木层总碳汇量

灌木层总碳汇量为绿地内所有种类灌木单株碳汇量与株数的乘积之和，公式如下：

$$C_{灌} = \sum_{i=1}^{n} (C_i \cdot m_i)$$

式中：$C_{灌}$——灌木层碳汇量（单位：t/a）；
C_i——第i种灌木单株碳汇量（单位：t/a）；
m_i——绿地内第i种灌木的数量（单位：株）。

（3）草本层总碳汇量

草本层总碳汇量为绿地内所有种类草本碳汇量之和，公式如下：

$$C_{草} = \sum_{i=1}^{n} (C_i \cdot m_i)$$

式中：$C_{草}$——草本层碳汇量（单位：t/a）；
C_i——第i种草本植物单位面积碳汇量（单位：t/a）；
m_i——绿地内第i种草本植物的面积（单位：m²）。

---

❶ 张桂莲. 城市绿地碳汇计量监测方法研究进展[J]. 园林，2022，39（1）：4-9.
❷ 天津市城市管理委员会. 天津市城市绿地碳汇设计导则（试行）[Z]. 天津市城市管理委员会，2020.

《天津市城市绿地碳汇设计导则（试行）》中所附植物碳汇能力参照表可供编制方案时参考。

乔木碳汇能力参照表

编号	树种	数量（株）	胸径（cm）	绿量（m²）	碳汇量（t/a）
1	白 蜡	1	10	41.30	4.12×10^{-3}
2	白皮松	1	10	120.79	2.03×10^{-2}
3	臭 椿	1	10	44.27	4.98×10^{-3}
4	垂 柳	1	10	55.49	6.52×10^{-3}
5	刺 槐	1	10	153.68	2.46×10^{-2}
6	国 槐	1	10	73.73	9.50×10^{-3}
7	华山松	1	10	120.79	2.03×10^{-2}
8	桧 柏	1	10	51.42	1.23×10^{-2}
9	栾 树	1	10	73.13	9.39×10^{-3}
10	馒头柳	1	10	75.68	8.63×10^{-3}
11	毛白杨	1	10	35.92	2.96×10^{-3}
12	泡 桐	1	10	120.80	1.76×10^{-2}
13	悬铃木	1	10	186.32	1.12×10^{-2}
14	雪 松	1	10	51.42	1.01×10^{-2}
15	银 杏	1	10	34.36	1.66×10^{-3}
16	油 松	1	10	87.50	1.72×10^{-2}
17	元宝枫	1	10	42.52	6.21×10^{-3}
18	玉 兰	1	10	33.22	1.51×10^{-3}
19	侧 柏	1	10	35.69	8.51×10^{-3}

灌木碳汇能力参照表

编号	树种	数量（株）	高度（m）	冠幅（m）	绿量（m²）	碳汇量（t/a）
1	碧 桃	1	3.0	3.0	53.18	7.05×10^{-3}
2	棣 棠	1	1.5	2.5	14.37	0.86×10^{-4}
3	丁 香	1	3.0	3.0	14.90	1.66×10^{-3}
4	丰花月季	1	1.0	0.8	2.25	3.35×10^{-4}

编号	树种	数量（株）	高度（m）	冠幅（m）	绿量（m²）	碳汇量（t/a）
5	金银木	1	3.5	4.0	23.52	2.52×10^{-3}
6	锦带花	1	1.0	1.2	4.06	2.56×10^{-4}
7	连翘	1	2.0	2.8	3.23	3.21×10^{-4}
8	木槿	1	3.0	2.5	14.50	1.82×10^{-3}
9	沙地柏	1	1.0	1.5	0.75	1.53×10^{-4}
10	太平花	1	1.0	1.5	1.28	1.01×10^{-4}
11	天目琼花	1	3.0	5.0	3.73	2.69×10^{-4}
12	卫矛	1	2.5	2.5	16.19	1.53×10^{-3}
13	西府海棠	1	5.0	3.5	42.00	6.63×10^{-3}
14	小檗	1	0.5	0.5	0.28	2.74×10^{-5}
15	榆叶梅	1	3.0	4.0	33.65	2.91×10^{-3}
16	珍珠梅	1	2.5	3.0	15.80	1.26×10^{-3}
17	紫荆	1	3.0	3.0	4.18	5.44×10^{-4}
18	紫薇	1	3.0	2.5	16.74	2.45×10^{-3}
19	红瑞木	1	1.5	2.0	8.40	8.65×10^{-4}
20	小叶黄杨球	1	0.8	0.8	10.24	8.04×10^{-4}

草类碳汇能力参照表

编号	种类	数量（m²）	绿量（m²）	碳汇量（t/a）
1	结缕草	1	10.24	1.19×10^{-3}
2	早熟禾	1	8.74	1.20×10^{-3}
3	野牛草	1	6.45	7.25×10^{-4}
4	其他草种	1	6.96	7.33×10^{-4}
5	崂峪苔草	1	4.36	4.97×10^{-4}
6	麦冬	1	5.00	6.71×10^{-4}
7	萱草	1	0.86	6.09×10^{-5}
8	宿根花卉	1	6.96	7.57×10^{-4}

注：表中数据引自北京市园林绿化科学研究院多年科研成果。

7.4 参考研究与案例

本节梳理了目前国内与公共空间目标与措施相关的碳排放量化评估研究和案例，通过技术要点和研究摘要综述，为城市规划设计提供科学性、合理性及技术性的参考。

案例7A
中国35个城市绿色基础设施空间规模分析

通过分析中国35个城市的城市绿色基础设施空间规模发现：植被中储存的碳估计为1870万t，平均碳密度为21.34t/hm²。

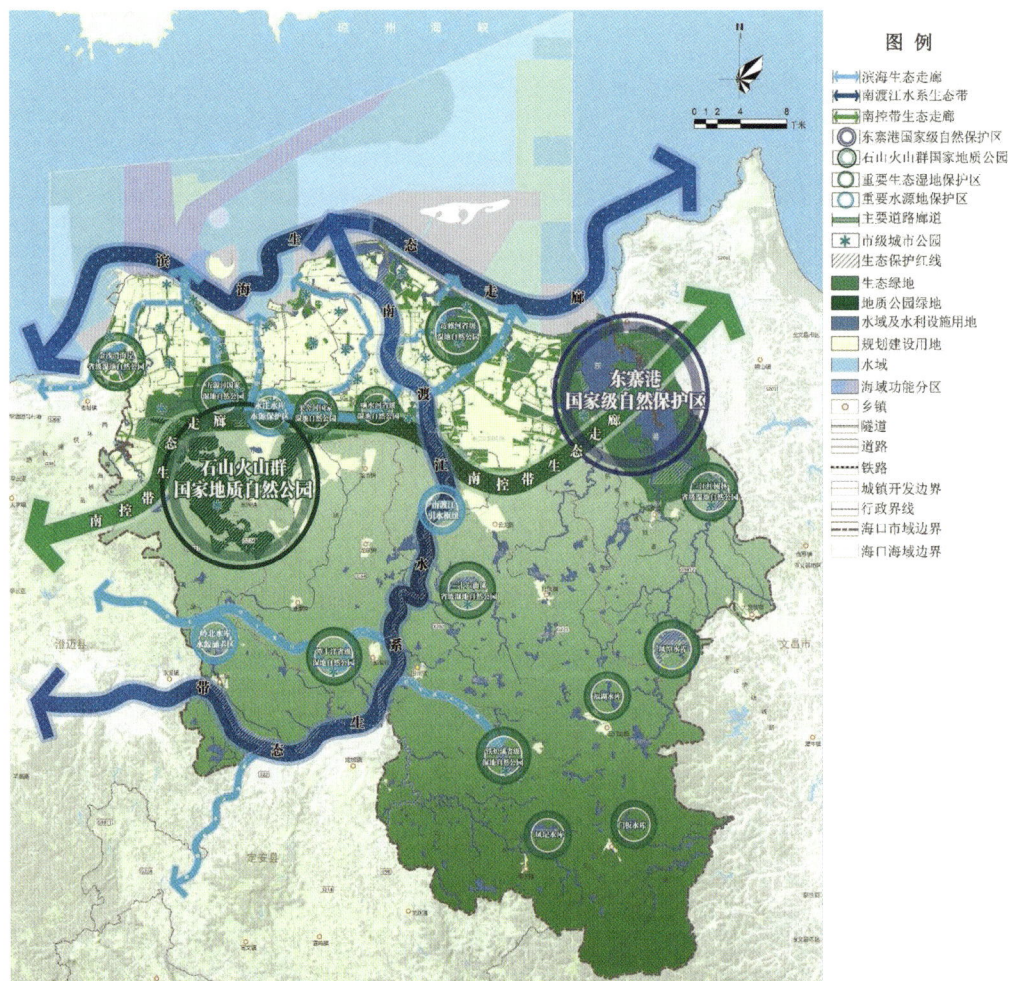

海口市域生态系统保护规划图
来源：《海口市国土空间总体规划（2020—2035）（公众版）》
https://www.haikou.gov.cn/hdji/myzji/zdxzjcgzcy/202110/t346139.shtml.

本案例研究梳理了中国35个主要城市在2010年底的城市空间规模，对绿色空间内的绿地碳汇量作出评估[1]。截至2010年底，35个主要城市的城市绿地总面积（城市绿色基础设施的主要组成部分）约占这些城市土地总面积的6.38%。

基于相关文献中的经验数据，35个城市的城市绿地中的碳储量约为1870万t，每公顷的平均碳储量（碳密度）为21.34t/hm^2。2010年，碳固存量总计190万t，平均固碳率为2.16t/（hm^2·a）。

总体分析发现仅0.33%的化石燃料燃烧碳排放可以被抵消，其中呼和浩特的可抵消碳排放量仅为0.01%，但是海口市的可抵消碳排放量却高达22.45%。这体现了绿地公共空间的重要作用。

案例7B
杭州城市森林的碳储存量核算

杭州城市森林的总碳储量估计为11.74Tg[2]，每公顷碳储量为30.25t。

本案例研究量化了杭州城市森林的碳储存量。发现城市森林植被结构会影响碳的储存及封存。因此，现有的城市森林由大型、成熟、低维护的树木构成是有利的[3]。

建成区的大多数树木由政府、企业代持或普通市民有意识地种植。种植管理者对公共区域的选择和市民的偏好，共同贡献了杭州城市森林的构成。

研究采用了城市森林清查数据和生物量方程式及其他生物量增量相关的模型[4]，结果显示：

- 杭州城市森林的总碳储量估计为11.74Tg；
- 每公顷森林的碳储量为30.25t；
- 城市森林固碳[5]总量为1328166.55t/a；
- 城市森林每公顷碳固存量为1.66t/（hm^2·a）。

研究发现，杭州市工业能源使用的碳排放为7Tg/a。通过碳固存，城市森林每年抵消18.57%的工业企业排放的碳，并储存相当于1.75倍的城市内工业能源使用的碳排放量。这些结果可用于评估城市森林在减少大气碳排放方面的作用，优化城市森林抵消能源消耗碳排放的功能。

❶ CHEN W. The role of urban green infrastructure in offsetting carbon emissions in 35 major Chinese cities: a nationwide estimate[J]. Cities, 2015, 44: 112-120.

❷ Tg（Terrogram）即10^{12}克，或百万吨。

❸ CHEN W. The role of urban green infrastructure in offsetting carbon emissions in 35 major Chinese cities: a nationwide estimate[J]. Cities, 2015, 44: 112-120.

❹ ZHAO M, et al. Impacts of urban forests on offsetting carbon emissions from industrial energy use in Hangzhou, China[J]. Journal of environmental management, 2010, 91(4): 807-813.

❺ 固碳是指增加除大气之外的碳库碳含量的措施，包括物理固碳和生物固碳。物理固碳是将二氧化碳长期储存在开采过的油气井、煤层和深海里；生物固碳是将无机碳（即大气中的二氧化碳）转化为有机碳（即碳水化合物），固定在植物体内或土壤中。

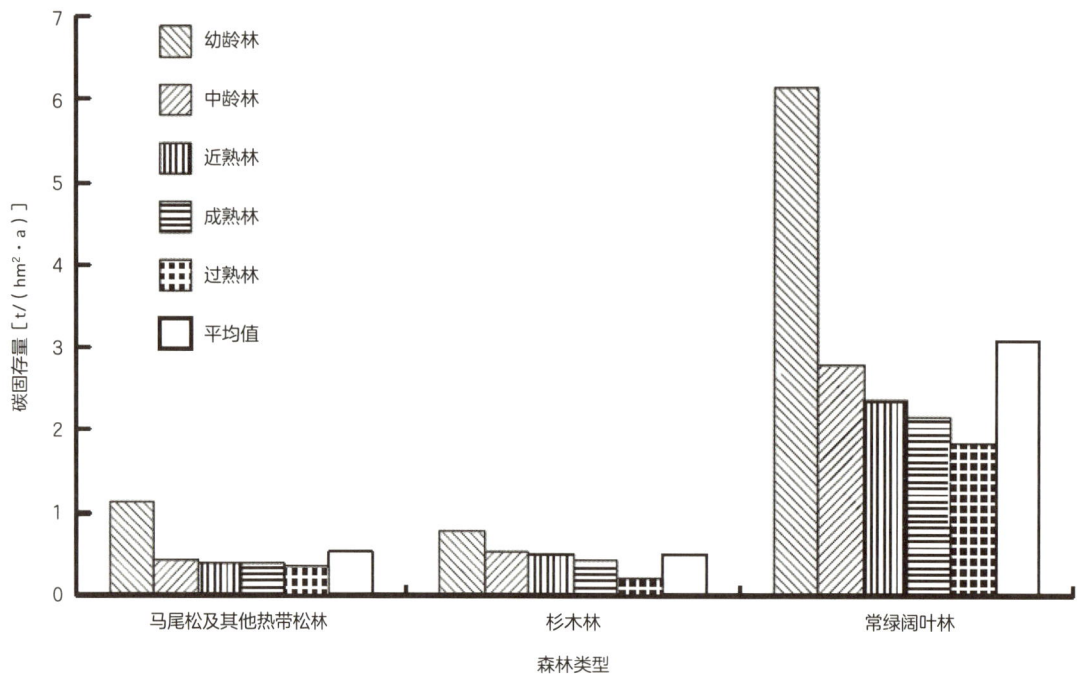

杭州市三类城市森林的碳固存量

来源：ZHAO M，et al. Impacts of urban forests on offsetting carbon emissions from industrial energy use in Hangzhou，China[J]. Journal of environmental management，2010, 91(4)：807-813.

案例7C
北京城市道路绿化植物在抵消人为二氧化碳排放方面的作用

2014年北京市区街道道路绿化植物的总固碳量为3.1Gg[❶]。

本案例研究重点分析了北京市城区（东城、西城、海淀、朝阳、石景山和丰台区）城市道路绿化植物在抵消人为二氧化碳排放方面的作用。测量了2040棵道路绿化植物，共有12个树木品种。取样的主要品种为绣线菊，占取样品种的50%以上。其他常见品种包括金枝白蜡、银杏和白杨[❷]。

城市和城市化地区通常被认为是碳排放来源，而城市的植被在很大程度上被忽视或被认为对于碳循环贡献有限。本案例研究结果表明，北京的街道的道路绿化植物具有重要的碳汇功能：

- 城市道路绿化植物在抵消人为二氧化碳排放方面的作用较大。研究利用实地调查、树木生长测量和政府统计年鉴的数据，估计了北京道路绿化植物的碳储存和碳固存能力；
- 北京城市道路绿化植物的碳汇密度和固碳率约为我国常规森林植被的1/3～1/2；
- 2014年北京市区道路绿化植物的总固碳量为3.1（±1.8）Gg，相当于北京市当年二氧化碳当量排放量的0.2%左右。

---

❶ Gg（Gigagram）即10^9克，或千吨。
❷ 邱红，金广君，林姚宇. 碳排放评估方法在城市设计中的应用[J]. 规划师，2011（5）：22-27.

海淀区马连洼街道科云路道路绿化植物
来源：王赫　拍摄

案例7D
以重庆悦来生态示范城为案例对规划范围内绿地空间的固碳能力进行核算

重庆悦来生态示范城控制性详细规划方案绿地空间对规划范围内总减碳贡献率为6%。

本案例研究以重庆悦来生态示范城为案例，将碳排放评估技术融入现有的城市规划与设计体系。对控制性详细规划和方案的自然碳汇情况进行分析，对规划范围内绿地空间的固碳能力进行核算❶。

本研究理论将是低碳城市建设规划技术创新的主要方向之一。从碳足迹计量和碳排放审计的基本原理出发，针对城市的四类低碳物质要素（包括固定碳源碳排放评估、移动碳源碳排放计量、过程碳源碳排放计量、自然碳汇碳清除计量）提出适用于中微观尺度城市设计项目的碳排放评估方法。

研究提出不同绿地空间的固碳率为：

- 湿地：70.00t/（$hm^2 \cdot a$）；
- 耕地：0.82t/（$hm^2 \cdot a$）；
- 水体：2.01t/（$hm^2 \cdot a$）；
- 屋顶花园：1.65t/（$hm^2 \cdot a$）；
- 建筑墙面立体绿化：1.65t/（$hm^2 \cdot a$）。

重庆悦来生态城控制性详细规划方案中保留了具有固碳价值较高的绿地和水体，结合森林、湿地、耕地、生态塘及建成环境中的大面积屋顶和垂直墙面，对碳汇的数量和质量进行系统化设计，可实现碳减排3%，对总碳排放量降低的贡献率为6%。

案例7E
河南郑汴新区规划方案以生态绿地空间规划确立有科学基础及可操作性的碳汇功能评价方法

通过生态绿地结构调整，提高整体的绿地率，将现状的地均碳汇功能由50.97t/（$km^2 \cdot a$）提高到74.4t/（$km^2 \cdot a$），碳汇功能提升可达45.97%。

本案例研究以河南郑汴新区规划方案为分析对象，通过建立以城乡生态绿地空间为本位的碳汇功能评估模型，探索建立低碳规划工具，及以生态绿地空间为本位的低碳规划，探索有科学基础、可操作的碳汇功能评价方法。

郑汴新区研究范围的总面积约2100km^2，现状人口120万。新区规划范围位于郑州市和开封市中间，黄河南岸。规划方案建议总人口规模为600万。

❶ 邱红，金广君，林姚宇. 碳排放评估方法在城市设计中的应用[J]. 规划师，2011（5）：22-27.

研究按照我国土地利用规划和城市建设管理体系调整类别，将生态绿地空间划分为林地、水田、园地、草地、城市绿地五类。综合分析得出五类生态绿地空间相对的碳排放或清除因子如下：

- 林地清除因子：0.57～3.55t/（hm²·a）；
- 水田甲烷排放因子：2.1t/（hm²·a）；
- 多年生木本作物清除因子：0.021t/（hm²·a）；
- 草地清除因子：0.422～1.16t/（hm²·a）；

- 城市树木清除因子：1.6616t/（hm²·a）。

郑汴新区规划方案范围内的生态绿地空间现状面积是1293.3km²，规划生态绿地空间是1496.9km²，扩大了15.74%。通过生态绿地调整，提高整体植被覆盖率，把现状的地均碳汇功能由50.97t/（km²·a）提高到74.4t/（km²·a），碳汇功能提升达45.97%。

交 通

  "翡翠城市"原则中有3个与建设低碳交通有关，分别是：步行与自行车交通、公共交通和小汽车控制。这3个低碳交通手段对城市的减碳效果体现在改变城市碳排放活动量水平，从而产生减碳效应。受影响的城市碳排放活动量主要包括：出行量、出行方式/距离、出行燃料结构、出行燃料量。

城市碳排放活动量			
建筑运行	建筑面积	建筑功能	建筑能耗结构	建筑能耗量
交通	出行量	出行方式/距离	出行燃料结构	出行燃料量
废弃物	废弃物量	废弃物回收/处理方式/量	废弃物不同方式处理能耗/排放量	废弃物能耗/排放量
水资源	供水/排水量	供水/排水处理方式	市政水/中水/雨水处理能耗	水资源能耗量
	污水量	污水处理方式	污水处理能耗	污水能耗/排放量
道路设施	公共设施面积	道路路灯数量	公共设施与路灯能耗结构	公共设施与路灯能耗量
绿地空间	绿地空间面积	城市绿地类别	城市绿地植被结构	城市绿地植被固碳量
可再生能源	可再生能源生产量	可再生能源类别	可再生能源使用量	可再生能源替代碳排放量

"翡翠城市+"低碳交通目标与措施可以影响的城市碳排放活动量

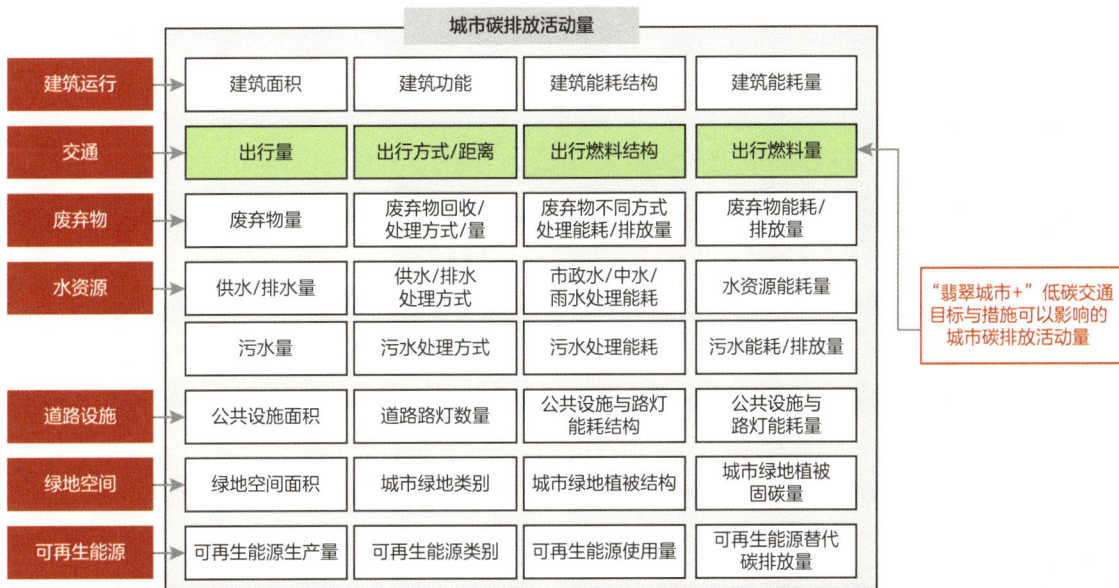

低碳交通目标与碳排放活动量关系

以下部分将阐述《翡翠城市：面向中国智慧绿色发展的规划指南》一书中的3个目标和相关措施，并在此基础上解读有关定量核算的主要考虑因素。最后以相关研究和案例进一步说明这些原则、目标和措施具体如何应用在实际分析工作中。

第8章

步行与自行车交通

打造适宜步行与自行车出行的环境，促进非机动化交通

8.1 原理

"适宜步行的街道和社区是每一座美好城市的基础。发展步行交通能够减少对机动车的依赖，促进公共交通发展，改善市民体质，增强居民的社区感。不安全的环境会抑制步行与自行车出行，很难促进出行方式的转变，或提高非机动化交通方式的出行分担率。古今中外，步行都是高品质社区的核心。世界上最有吸引力的城市，都强调人性尺度的步行环境。自行车出行需要的土地和能耗远低于其他交通方式——不会产生污染，还能带来健康效益。

高密度的步行与自行车道网络，可以缩短通勤距离，提高通勤效率，鼓励居民采用更健康的通勤方式，减少小汽车使用。事实证明，适宜步行与自行车出行的社区更幸福、更健康，在某些情况下还能启发灵感——阿尔伯特·爱因斯坦在谈论相对论时说过："我是在骑自行车的时候想出来的[1]。"

丹麦哥本哈根自行车桥

---

[1] 卡尔索普事务所，宇恒可持续交通研究中心，高觅工程顾问公司. 翡翠城市：面向中国智慧绿色发展的规划指南[M]. 北京：中国建筑工业出版社，2017.

有哪些步行与自行车交通相关的政策文件？

国家和地方关于步行与自行车交通的政策文件举例如下。

《中共中央 国务院关于进一步加强城市规划建设管理工作的若干意见》加强自行车道和步行道系统建设，倡导绿色出行。

《关于推动城乡建设绿色发展的意见》科学制定城市慢行系统规划，因地制宜建设自行车专用道和绿道。

《中华人民共和国国民经济和社会发展第十四个五年规划和2035年远景目标纲要》优先发展城市公共交通，建设自行车道、步行道等慢行网络。

《北京城市总体规划（2016年—2035年）》提出，构建连续安全的步行与自行车网络体系，保障步行与自行车路权，开展人性化、精细化道路空间和交通设计，创造不用开车也可以便利生活的绿色交通环境。

《深圳市国土空间总体规划（2021—2035年）》积极构建宜行可达的慢行交通体系。

《苏州市国土空间总体规划（2021—2035年）》打造古城公交+慢行主导交通模式。

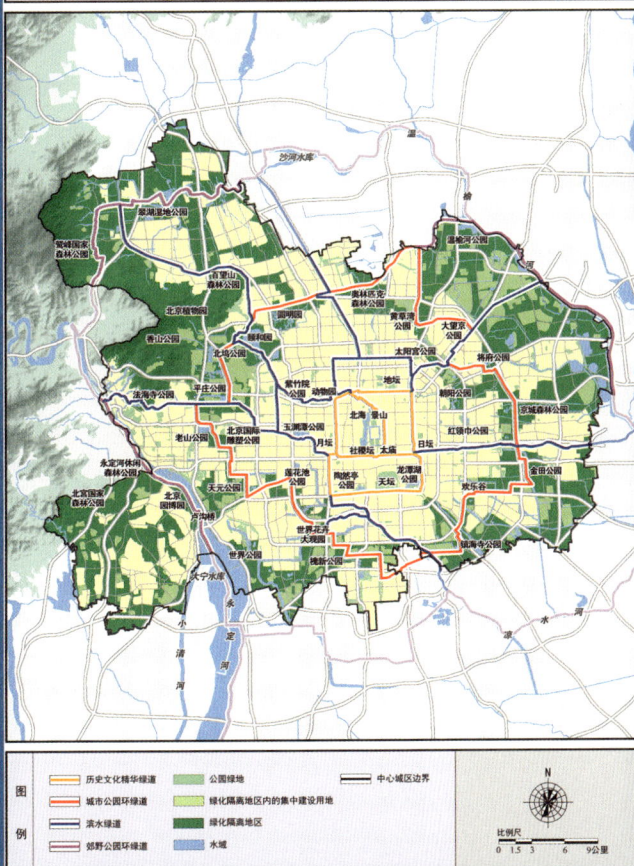

北京城市总体规划（2016年—2035年）
图12 中心城区市级绿道系统规划图

北京市中心城区市级绿道系统规划图
来源：《北京城市总体规划（2016年—2035年）》
https://www.beijing.gov.cn/gongkai/guihua/wngh/cqgh/201907/t20190701_100008.html.

8.2 规划设计目标与措施

想要打造适宜的步行与自行车出行环境，在规划设计时应考虑保障行人安全、鼓励沿街活动等4个主要目标，可以通过设置连续的行道树和行人便利设施、人行道宽度与周边用地匹配等16个措施实现上述目标。

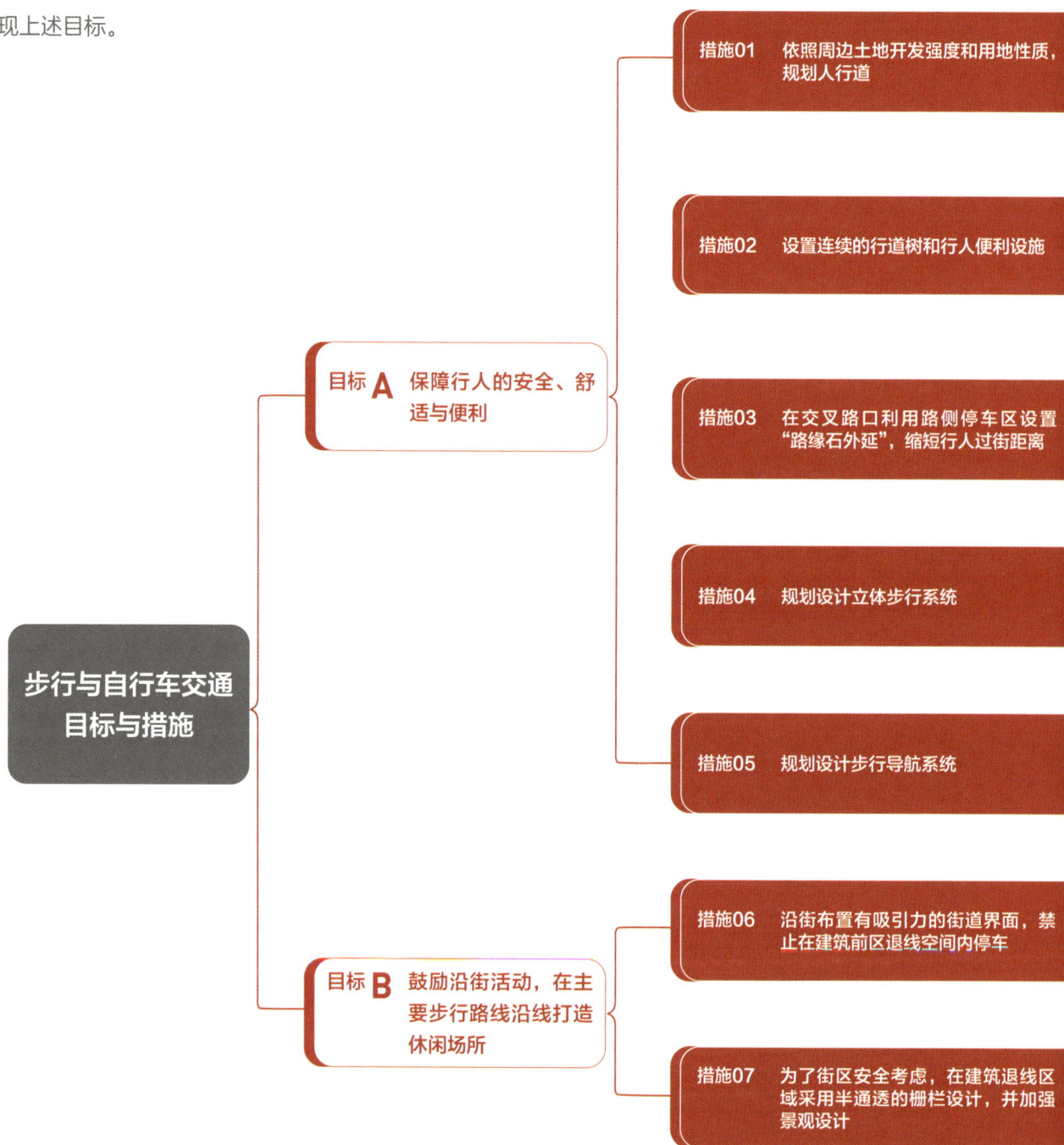

步行与自行车交通目标与措施

目标 A 保障行人的安全、舒适与便利

措施01　依照周边土地开发强度和用地性质，规划人行道

措施02　设置连续的行道树和行人便利设施

措施03　在交叉路口利用路侧停车区设置"路缘石外延"，缩短行人过街距离

措施04　规划设计立体步行系统

措施05　规划设计步行导航系统

目标 B 鼓励沿街活动，在主要步行路线沿线打造休闲场所

措施06　沿街布置有吸引力的街道界面，禁止在建筑前区退线空间内停车

措施07　为了街区安全考虑，在建筑退线区域采用半通透的栅栏设计，并加强景观设计

步行与自行车交通目标与措施一

◎ 设计连续的步行路线，提供足够的步行空间，改善步行体验。

◎ 人行道宽度应该匹配周边的开发强度和用途。例如，在高密度混合用途区和商业区，人行道的宽度应该足以容纳高人流量。

相比混合用途区和商业区，住宅区步行交通流量较低，因此人行道可以更窄。

◎ 间隔恰当的行道树不仅能遮阳，还能提高可步行性，可以作为车行道与人行道之间实用、明显的隔离物，保障行人安全。

◎ 提供长椅、喷泉、垃圾桶、路灯等便利设施和其他街道设施，有助于促进步行区和商业区的繁荣。但街道设施的位置不能阻挡步行路线或绊倒行人。

◎ 步行空间设计要面向所有行人，考虑行走障碍群体的需求，注重包容性设计。行走障碍群体包括残障人士、老年人等，有时甚至包括那些拎着购物袋、陪护幼童的人以及推着婴儿车出行的人群。

◎ 所有铺装区域都应具有平整且防滑的适宜行走的表面。

◎ 将交叉路口范围内的路内停车取消，扩大街角人行空间，缩短行人过街距离。

◎ 如果街道交通流量较低，可以缩小路缘转弯半径，降低右转车辆速度，从而提高行人过街安全性。

◎ 在人流、车流非常密集的地区，为解决不同交通流线交叉、混合出行的问题，可以构建多层立体的步行系统，建设综合、完整、便捷的步行网络，保障步行安全。

◎ 建立城市步行导航系统，为乘客提供清晰的线路规划，使步行更具吸引力和效率；提供寻路标志，引导骑自行车的人前往自行车停车场、周边主要目的地和设施。

◎ 提供应用程序帮助行人快速找到交通站点、自行车租赁点或者准确的步行路线，具体提供信息包括位置信息、步行时间、步行方向、空气质量、噪声污染等。

◎ 在配备店铺橱窗和户外咖啡厅的街道界面设置入口、展示橱窗、部分通透或完全开放的空间，使街道界面更具吸引力。此外，公园和游乐场也可以为经过的路人创造有趣的步行体验。

◎ 禁止在建筑前区退线空间内停车可以强化步行环境，改善步行体验，同时给人行道带来更多商业活动。

◎ 临街建筑应该拆除边界防护墙，创造更多景观，或者设置半通透的栅栏，在保证隐私和安全的同时，还可以从建筑内看到人行道和街道。

◎ 退线空间进行景观设计，以创造丰富、有趣的街景。

措施08　自行车道与机动车道和人行道之间应设置隔离

措施09　交叉路口的设计必须保障行人和自行车的安全通行

措施10　细分原有超大街区时考虑采用无车街道

措施11　考虑骑行者的需求与自行车道路面设计细节

措施12　规划自行车停放空间

措施13　规划自行车使用管理措施

目标 C　城市与街道设计应该优先考虑自行车出行的安全与便利和管理需要

步行与自行车交通目标与措施

措施14　建立多层次自行车道系统

措施15　无车街道的建筑底层应该提供商铺和服务

措施16　连通无车街道和大型开放空间内的小路

目标 D　划定无车走廊以容纳通达的专用步行与自行车通道，其中也可以包括公交车道

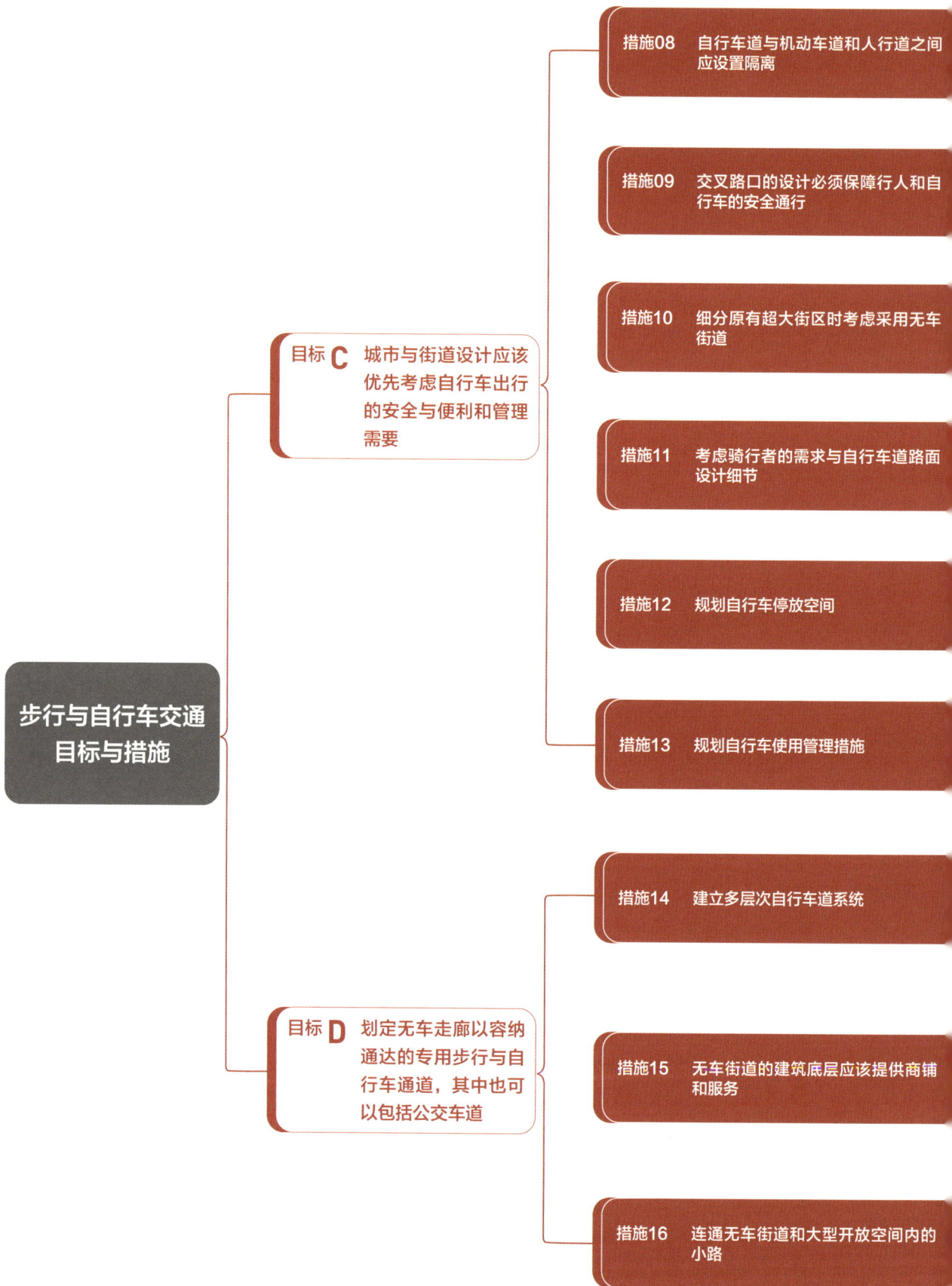

步行与自行车交通目标与措施二

◎ 隔离的设置为不同交通方式提供独立的通行空间，是提高自行车道和人行道使用效率的关键。

◎ 在机动车道和自行车道之间应该设立坚固的安全桩或矮防护栏，绿化带也能提供额外的保护。在自行车道与人行道之间需要设置轻便的矮防护栏，景观区是最理想的隔离。

◎ 考虑到电动自行车速度较快，更应对非机动车道与人行道进行分隔。电动自行车车速约是步行速度的7倍，因此电动自行车与步行共同使用同一路面可能会对行人的步行安全存在威胁。

◎ 街道交叉路口最容易发生行人和自行车事故，因此必须提供安全保护。合理设计可以保证所有街道使用者在交叉路口的安全通行。

◎ 交叉路口信号灯设计应考虑让行人快捷地通过交叉路口，改变以机动车为主的设计。

◎ 可以在原有超大街区内部道路增加人行道和自行车道，改造为城市街道。若难以重新部署路网，可以通过增加自行车和步行道路加强现有建筑环境的交通联系。

◎ 便利非机动交通的设施包括有自行车方向标志的自行车路线、道路上的自行车标记。自行车路面考虑引导性色彩涂饰，并设置相应标志标线。

◎ 自行车过街带应尽量遵循骑车人过街期望的最短路线布置，宜采用彩色铺装或喷涂，并设置醒目的自行车引导标志。

◎ 测算自行车停放空间需要，要满足各类自行车的停放需求，引导城市自行车的合理停放和有序使用。

◎ 在停车、取车较多的地方设置停车区，积极探索错峰错时停车手段，合理利用开发用地内部停车，增加工作时间配建服务设施的共享停车位指标。

◎ 建议居住区和公共建筑都应规划相应配比的电动自行车停车位与充电桩。可以按照住宅户型建筑面积确定电动自行车停车位规划配建指标。

◎ 应该统筹规划，合理规划布局电动自行车充电桩。如在新建住宅小区的公共区域合理规划充电桩。

◎ 共享单车租赁是城市交通网络的有效补充，可以自由满足1～3公里的短途出行，与现有公交系统相结合，可为外来旅客的市内出行带来便利，提升城市的服务效能。

◎ 可以在自行车专用道上安装"绿波"信号灯，从而提高通行率。

◎ 自行车道网络应区分以快速通过为主的通勤型快速路和以娱乐观景为主的休闲慢行路，建立多层次自行车道系统，以满足不同出行需求。

◎ 建设连接居民生活、满足通勤需求的自行车高速路。自行车高速路主要面向居民的通勤需求，其线路应连接居住区、学校、工作地点和公交站点。

◎ 建设用于休闲的城市绿道。将连接城市开放空间的各种轴线、以休闲为主要功能的林荫大道提升发展为集抗洪、生态修复、骑行、教育、城市美化、休闲、经济发展等多目标于一体的绿道。

◎ 无车街道易转变成充满活力的购物街，如在住宅区内安排本地零售商店和目的地，或作为商业区的购物中心，配备区域级零售店铺和服务。

◎ 应该将商业购物步行街直接连接到公交车站和周边的街道路网，以提高零售店铺商业可行性，同时为公交用户提供便利的服务。

◎ 在城市道路空间资源较充裕的地方，可以允许自行车在道路一侧双向行驶，减少过街转向的次数，保障骑行的连续性与安全性。在城市道路空间资源受限的地方，可通过压缩机动车道的宽度或者减少路边停车的空间，在道路一侧或者中间划分出自行车道，增加路边步行道宽度。

◎ 采取交通安宁化措施（如控制狭窄道路汽车的行驶速度）使街道对步行与自行车交通使用者更加友好。

◎ 将无车街道与社区大型开放空间内的小路和自行车道相连。

◎ 区域公园、滨水小道、长条形公园应该直接连接到无车街道路网。它们还可以作为绿道连接线，成为通往主要目的地的骑行和步行线路。

8.3 减碳效益分析

鼓励和推动步行与自行车出行，可以降低城市交通碳排放量，也是改变个人出行行为与提升民众低碳意识、调动全社会践行绿色低碳行为积极性的主要手段，符合城市整体低碳发展的内在需求。低碳行为碳减排量的核算是有效实施相关政策、目标、措施的前提条件，需要科学合理的定量计算方法与数据基础。

步行与自行车出行减碳效益分析要点

目前步行与自行车出行的具体减碳效应定量分析的因果关系与测算方法要点主要包括：

- 建立基准情景，测算步行与自行车出行代替其他交通方式出行所带来的减碳量：由于步行与自行车出行本身并没有产生碳排放，因此计算步行与自行车出行减碳效果时，需要计算步行与自行车出行代替其他交通方式出行带来的减碳量。因此步行与自行车出行减碳效益分析需要首先建立一个基准的城市交通情景和有关的人均每程出行的碳排放因子参数，作为测算项目或措施实施后带来的替代效应下的减碳量基础。
- 分析通过城市设计措施提高步行与自行车出行分担率的影响：目前已有不少研究成果提出通过实施城市设计措施（如增加道路交叉口密度、自行车道隔离等措施）可提高步行与自行车出行比例或出行意愿，从而产生城市交通减碳效应。但同时由于城市交通不同出行方式分担率的变化通常为多因素的综合结果，仅有少量研究测算了有关单一城市设计措施对步行与自行车出行分担率的独立定量影响。
- 步行与自行车出行可以产生的替代分担率

在不同的交通出行距离情景下有不同的效果：因为在不同出行距离内市民的出行结构不同，各交通方式的出行比例和单位公里人均碳排放量随距离变化，所以减碳系数的计算应考虑步行与自行车可代替的所有出行方式，且在不同出行方式比例的统计中考虑出行距离的影响。

步行与自行车出行减碳量核算框架

步行与自行车出行减碳定量效益分析的基本方法与需要的参数如下：

- 确定基准年和基准情景；
- 规划范围内各类交通方式出行比例，单位：%；
- 乘客采用各类交通方式出行的年客运周转量；
- 各类交通方式的年燃料/能源的能耗总量（AD）；
- 各类交通方式的年燃料/能源的碳排放因子（EF）；
- 测算各类交通方式的人公里碳排放因子，单位：$kgCO_2/$（人·km）；
- 测算规划范围内交通方式出行的平均人公里碳排放因子，单位：$kgCO_2/$（人·km）。

实施步行与自行车出行原则的项目情景

- 规划实施的步行与自行车出行规划设计措施；
- 测算实施规划设计措施后各类交通方式出行比例，单位：%；
- 测算步行与自行车出行替代分担率，单位：%；
- 测算步行与自行车出行措施的减碳量，单位：$kgCO_2$。

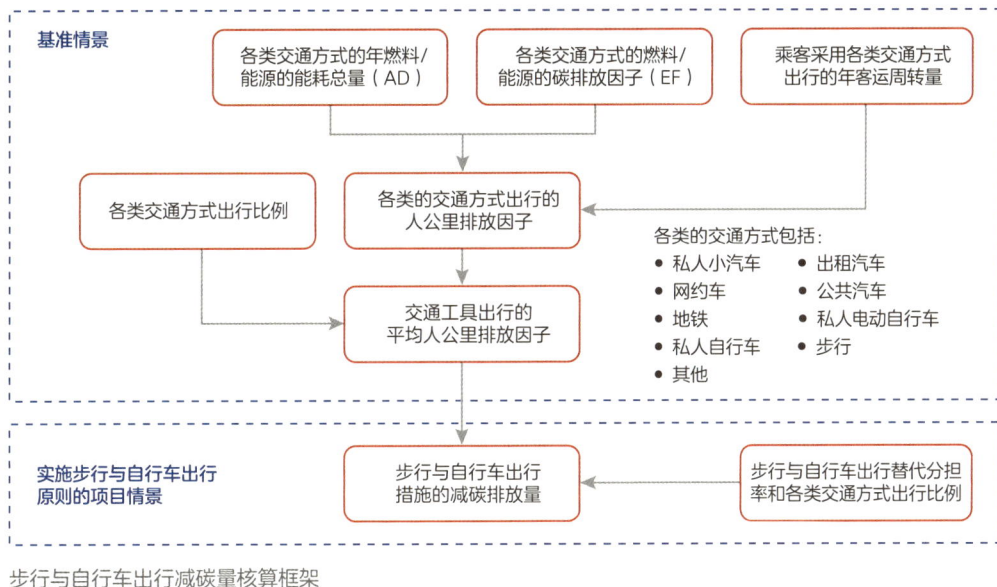

步行与自行车出行减碳量核算框架

8.4 参考研究与案例

本节梳理目前国内与步行与自行车出行目标与措施有关的碳减排量化评估研究和案例,通过要点和研究摘要综述,为步行与自行车系统规划与设计提供科学性、合理性及技术性的参考。

案例8A
深圳市自行车与步行出行措施替代其他出行方式带来的减碳效应

深圳市2021年的基准情景城市综合交通出行情况人公里碳排放因子为0.0239kgCO₂/(人·km)。

《深圳市共享单车骑行碳普惠方法学(试行)》规定了在深圳碳普惠机制下,个人利用移动电话App软件、GPS定位工具等,使用商业公司提供的共享单车作为代步工具,减少乘坐有温室气体排放的交通工具所产生的减排量的核算流程和方法。

该方法学的基准情景为项目活动实施前切实可行的交通出行情景,即注册用户在不使用共享单车的情况下,乘坐公共汽车、地铁、出租车、私人小汽车、网约车、私人电动自行车、私人自行车或步行的出行方式。其中,为了确定该项目的交通出行

分担率,私人自行车以及步行作为零碳排放的出行方式都被纳入基准情景。

从《深圳市共享单车骑行碳普惠方法学(试行)》计算基准情景的方法可以了解到深圳市测算步行与自行车出行代替其他交通方式出行带来的减碳效果。

步行与自行车出行的碳排放量是0,其替代的其他城市交通出行方式的碳排放量就可以提供标杆数据以供参考。《深圳市共享单车骑行碳普惠方法

学（试行）》中，基于深圳市整体的不同交通方式出行数据与燃料使用结构等的基础核算，深圳市2021年的基准情景城市综合交通出行情况人公里碳排放因子为0.0239kgCO₂/（人·km）。因此步行与自行车出行措施可以通过替代其他出行方式而带来减碳效果。

案例8B
南京市使用共享自行车替代其他出行方式和接驳公共交通带来的减碳效应

南京市使用共享自行车的居民在出行中每公里路程可以减少温室气体排放63~300g二氧化碳当量。

本案例研究分析了作为一种低碳交通方式，共享自行车系统的生命周期碳排放。南京被选为研究区域。南京主城区2018年居民出行方式结构如下：公共交通占29.5%，私人小汽车占17.7%，步行占24.2%，自行车占27.2%[1]。

共享自行车系统于2017年1月引入南京，2020年上半年南京市共享自行车总数为25.7万辆。研究共收集有效调查问卷1688份，其中76.96%的被调查者短途出行使用共享自行车，23.04%的被调查者使用共享自行车与公共汽车/地铁接驳。

分析结果显示：
- 使用共享自行车的居民在出行中每公里路程减少温室气体排放63.726g二氧化碳当量。减碳主要来自其他低碳排放出行方式，其中28.3%来自公共汽车，14.86%来自地铁，33.97%来自其他非机动模式。
- 使用共享自行车接驳公共交通的出行方式可以更好地取代机动交通出行，并产生更好的减碳效果效益。采取这类方式出行的居民每公里路程可减少温室气体排放300.718g二氧化碳当量。

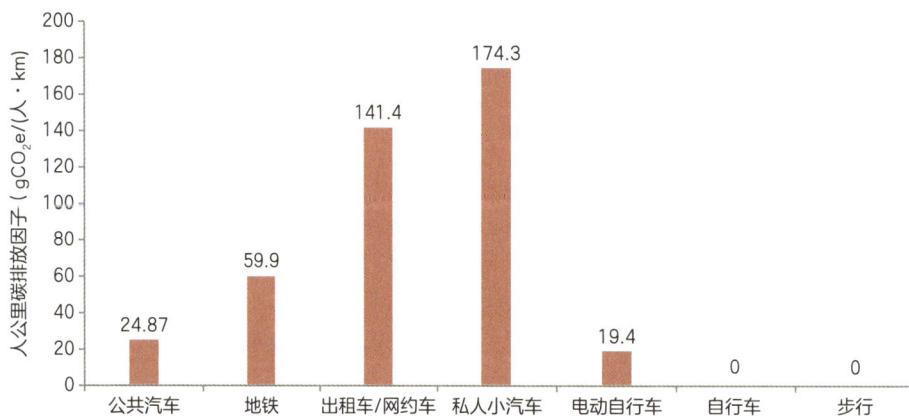

在使用阶段不同交通方式的碳排放

来源：LAI R, MA X, ZHANG, F, et al. Life cycle assessment of free-floating bike sharing on greenhouse gas emissions: a case study in Nanjing, China[J]. Applied sciences, 2021, 11: 11307.

---

❶ LAI, R, MA X, ZHANG, F, et al. Life cycle assessment of free-floating bike sharing on greenhouse gas emissions: a case study in Nanjing, China[J]. Applied sciences, 2021, 11: 11307.

- 在共享自行车的全生命周期碳排放中，每一辆自行车的生产、运营和处置将产生76.71kg二氧化碳当量的温室气体排放，其中生产阶段产生的温室气体排放量最多。一辆共享自行车被使用227天以上才能产生净减碳效果。

案例8C
上海城市电动自行车出行减碳效果分析

上海市电动自行车整体碳排放量仅为其他交通方式的24.48%，减碳率达到75.52%。

本案例研究利用上海居民共享电动自行车系统（Electric Bike Sharing System，EBSS）的运行数据，定量分析了共享电动自行车系统在运营使用阶段的碳排放对城市交通的影响，确定电动自行车对不同交通方式的替代概率[1]。

电动自行车减碳效果是通过将该出行方式的碳排放量与其他出行方式产生的碳排放量进行对比来衡量的。

研究结果表明：

- 电动自行车的使用几乎不产生新的出行：大多数短途电动自行车出行替代了步行和传统的共享自行车；而大多数长途电动自行车出行是从私人小汽车、公共汽车和地铁转移过来的。
- 路程在2km以内的电动自行车出行中，约有5%的出行是通过与公共交通整合，从而替代了小汽车的出行方式。这种替代效应占城

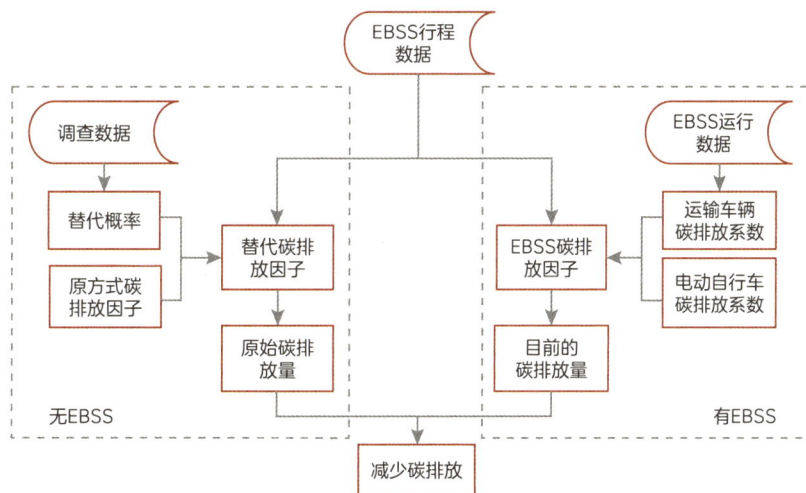

减碳效果分析流程图
来源：ZHOU Y, et al.. Mode substitution and carbon emission impacts of electric bike sharing systems[J]，Sustainable cities and society, 2023, 89: 104312.

---

❶ ZHOU, Y, et al. Mode substitution and carbon emission impacts of electric bike sharing systems[J]. Sustainable cities and society, 2023, 89: 104312.

市电动自行车碳减排效应的50%以上。

- 根据分析，共享电动自行车每公里出行的二氧化碳排放量为19.47g；其中6.91g来自电力消耗，而12.56g由运输车辆、电池更换和自行车搬迁产生。

- 电动自行车整体碳排放量仅为其他交通方式的24.48%，减碳率达到75.52%。

案例8D
北京市居民个人日常出行的碳排放量和减排潜力分析

北京市居民个人每日出行从高碳排放模式（私人小汽车和出租车）转移到低碳排放模式（公共交通、非机动车）可以达到的减碳率高达20%～25%。

本案例研究采用详细的个人出行数据来说明北京市居民日常出行的碳排放量和减排潜力。研究重点关注通勤人员，因为通勤人员的碳排放量远高于非通勤人员（包括学生、家庭主妇和退休人员）。研究使用问卷调查的方法收集居民出行信息，以计算日常出行的个人碳排放量，并分析个人碳排放量的差异和结构。采用截距调查和网络调查相结合的方法，研究对北京市1502名居民进行了抽样调查[1]。

研究采用以通勤出行为重点的样本，计算出北京市居民通勤每日出行的平均个人碳排放量在工作日为1.46kg/（d·人），在周末为2.40kg/（d·人）。研究指出：

- 某些居民出行碳排放量较高的主要原因不是需要更长的日常出行距离或需要进行更多的长途出行，而是与较低碳排放者相比，较高碳排放者需要更密集地使用汽车进行类似距

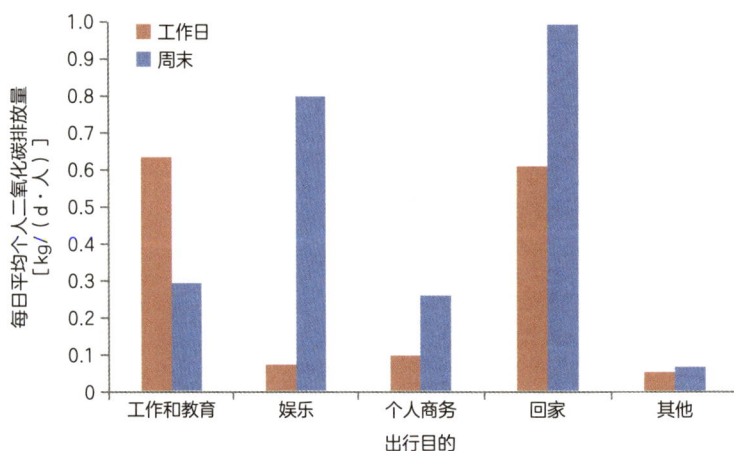

工作日和周末不同出行碳排放量

来源：YANG Y, et al. Urban daily travel carbon emissions accounting and mitigation potential analysis using surveyed individual data[J]. Journal of cleaner production, 2018(8): 821-834.

---

[1] YANG Y, et al. Urban daily travel carbon emissions accounting and mitigation potential analysis using surveyed individual data[J]. Journal of cleaner production, 2018(8): 821-834.

离的出行。

- 较高出行碳排放者的特征是男性、收入较高、拥有汽车以及年龄在30至40岁之间，而居住在五环路内、公共交通便利地区的工人出行碳排放量较低。
- 研究使用个人出行的信息和当前交通系统下可

以转变的出行模式，评估减少碳排放的潜力。

- 如果只考虑出行行程和时间，从高碳排放模式（私人小汽车和出租车）转移到低碳排放模式（公共交通、非机动车）可以达到的减碳率高达20%～25%。

案例8E
北京市居民共享自行车出行碳减排量核算研究

按照2018年北京市共享自行车的骑行里程核算，全市共享自行车出行的年减碳量为50928tCO₂。

本案例研究根据北京市交通委员会发布的《北京市地面公交线网总体规划（草案）》，确定2018年度北京市私人小汽车、出租车、公共汽车、地铁交通出行方式占比分别为32.9%、3.7%、22.7%、22.9%。同时，根据北京交通发展研究院编写的《2019北京市交通发展年度报告》，2018年度北京市城区自行车绿色出行比例为11.5%。

研究根据以上出行结构核算出北京市基准情景为私人小汽车、出租车、公共汽车、地铁、电动自行车的排放量，计算整体城市出行模式及能源结构得出基准情景下人公里碳排放因子。这也是共享自行车出行可替代的基准情景下各种交通方式的单位

里程人均碳排放数值[1]。

研究测算得到基准情景下北京市平均人公里排放因子为0.0696kgCO₂/（人·km）。该数据为自行车出行产生的替代效应提供了一个标杆，也就是平均每公里替代出行可以得到0.0696kgCO₂的减碳效果。

研究进一步采用北京市骑行订单量的数据核算共享自行车骑行里程总数，进而测算2018年度北京市共享自行车碳减排量。研究基于北京市可获得的各项交通数据，测算出2018年度北京市居民共享自行车出行产生的碳减排总量为50928tCO₂。

2018年度共享自行车碳减排量计算

单次人均碳排放量（人公里平均排放因子）		2018年订单数	平均行驶里程	2018年度减碳量
基准情景	共享自行车出行情景			
0.0696kgCO₂/（人·km）	0kgCO₂/（人·km）	6.1亿个	1.2km	50928.37tCO₂

来源：张玲. 基于碳普惠制的城市共享单车出行碳减排量核算研究：以北京市为例[J]. 城市公共交通，2021（5）：43-46.

❶　张玲. 基于碳普惠制的城市共享单车出行碳减排量核算研究：以北京市为例[J]. 城市公共交通，2021（5）：43-46.

第9章

公共交通

公共交通须成为首选交通方式，而非第二必要选择

9.1 原理

"提高公共交通的可达性，并将其列为首选交通方式，可有效降低对汽车出行的依赖。如果公共交通成为第一选择，人们便会降低驾车出行的频率。很多大城市都以完善的公共交通系统而闻名于世，如纽约、伦敦、香港和新加坡。在这些城市，尽管很多人很富裕，并拥有私家车，但是很多人通勤时仍然乘坐公交，而非开车。公共交通必须和自行车及步行很好地结合，从而解决人们出行中'最后一公里'的问题。波哥大前市长恩里克·佩纳罗萨曾说过，'一个城市的先进之处在于，连富人也使用公共交通工具，而不是穷人都开车上街'"❶。

美国波特兰轻轨

---

❶ 卡尔索普事务所，宇恒可持续交通研究中心，高觅工程顾问公司. 翡翠城市：面向中国智慧绿色发展的规划指南[M]. 北京：中国建筑工业出版社，2017.

有哪些关于公共交通的政策文件?

国家和地区关于公共交通的政策文件举例如下。

《中共中央 国务院关于进一步加强城市规划建设管理工作的若干意见》提出到2020年,超大、特大城市公共交通分担率达到40%以上,大城市达到30%以上,中小城市达到20%以上。

《关于推动城乡建设绿色发展的意见》提出加强公交优先、绿色出行的城市街区建设,合理布局和建设城市公交专用道、公交场站。

《中华人民共和国国民经济和社会发展第十四个五年规划和2035年远景目标纲要》提出优先发展城市公共交通,建设自行车道、步行道等慢行网络。

《北京城市总体规划(2016年—2035年)》提出,坚持公共交通优先战略,着力提升城市公共交通服务水平。加强交通需求调控,优化交通出行结构,提高路网运行效率。完善城市交通路网,加强静态交通秩序。

《上海市国土空间近期规划(2021—2025年)》提出对10万人以上新市镇轨道交通站点的覆盖率达到85%,中心城公共交通占全方式出行比例达到35%。

北京市市域轨道交通2021年规划示意图
来源:《北京城市总体规划(2016年—2035年)》
https://www.beijing.gov.cn/gongkai/guihua/wngh/cqgh/201907/t20190701_100008.html.

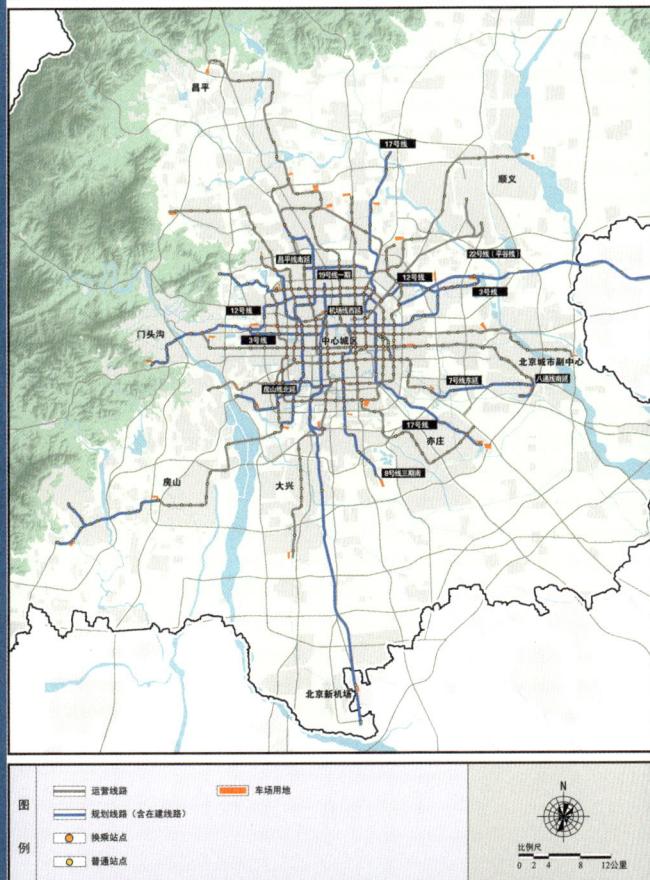

北京城市总体规划(2016年—2035年)
图20 市域轨道交通2021年规划示意图

9.2 规划设计目标与措施

提高公共交通的可达性并使其成为首选交通方式，在规划设计时应考虑互联互通的公交系统、提高公交车站步行可达性等7个目标，可以通过整合地铁、快速公交、电车等公交服务，建立公共交通智能一卡通系统等15项措施实现上述目标。

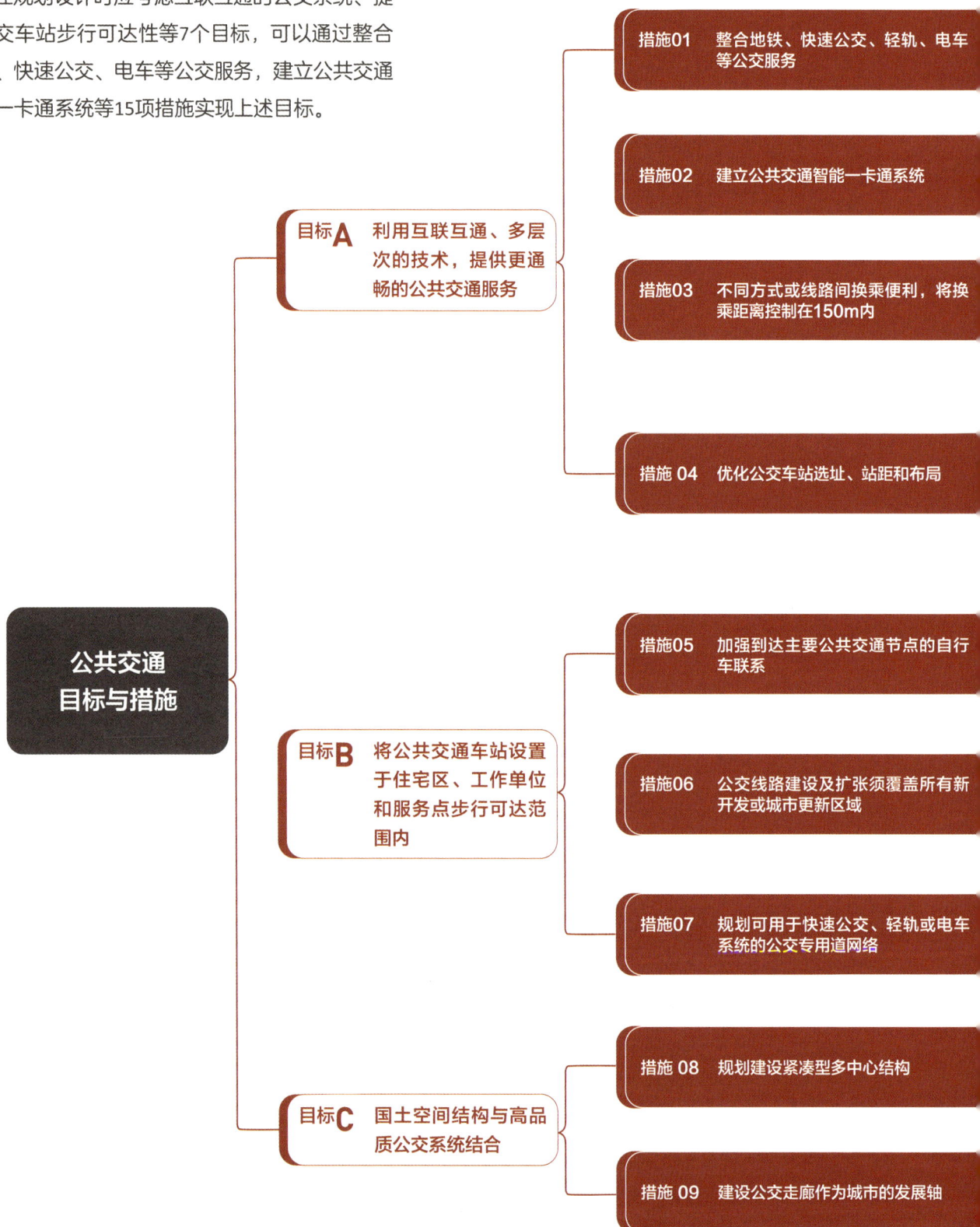

公共交通目标与措施

目标A 利用互联互通、多层次的技术，提供更通畅的公共交通服务

- **措施01** 整合地铁、快速公交、轻轨、电车等公交服务
- **措施02** 建立公共交通智能一卡通系统
- **措施03** 不同方式或线路间换乘便利，将换乘距离控制在150m内
- **措施04** 优化公交车站选址、站距和布局

目标B 将公共交通车站设置于住宅区、工作单位和服务点步行可达范围内

- **措施05** 加强到达主要公共交通节点的自行车联系
- **措施06** 公交线路建设及扩张须覆盖所有新开发或城市更新区域
- **措施07** 规划可用于快速公交、轻轨或电车系统的公交专用道网络

目标C 国土空间结构与高品质公交系统结合

- **措施08** 规划建设紧凑型多中心结构
- **措施09** 建设公交走廊作为城市的发展轴

公共交通目标与措施一

◎ 整合地铁、快速公交、轻轨等多种公交方式，从而保障公交系统便捷、快速、无缝衔接。

◎ 地铁是公共交通网络的重要组成部分，但也可以整合其他成本较低、实施效率高、线路灵活的交通服务和技术。每个城市可以根据自身条件确定合适的公共交通方式组合，从而保证整体公共交通的顺利运行。

◎ 利用简单、便捷的售票系统整合各交通方式，可减少使用公共交通的障碍。用户使用一卡通，用于乘坐地铁、快速公交、公交和使用公共自行车，并可通过手机、网络或报亭为一卡通充值。

◎ 换乘的设计必须有助于降低交通方式和线路间的障碍和时间，多模式车站中不同站点间步行距离最多不超过150m。

◎ 实现步行和自行车与所有的公共交通方式的融合，须配备安全、便捷的自行车存放点。

◎ 公交车中途站站距需要考虑乘客出行需求、公交车辆运营管理、道路系统、交叉路口间距和安全等因素合理选择，平均站距在500~800m，市中心区站距宜取下限值，城市边缘地区和郊区宜取上限值。百万人口以上的特大城市，可根据实际情况放宽要求。

◎ 分析道路网络密度与公交分担率间的关系。中国高密度城市形态下，形成了以小汽车为主导的混合通勤结构，而密集路网等土地利用变量可以是助长小汽车通勤的诱因，应该在提高路网密度的同时，积极转变出行模式。

◎ 考虑到道路交叉路口处车流量大，因此我国要求在交叉路口附近设置中途站时，设置在交叉路口50m以外，主干道上设置在交叉路口100m以外。这可能导致公交车站与交叉路口距离过远，乘客下车穿越马路时步行路程过长。

◎ 通过骑车或者步行直接到达主要车站比乘坐公交支线方便。如果有强大、贯通、完整且安全的自行车道网络，便可以通过组合自行车和公共交通轻松实现通勤出行。

◎ 安全、便宜和近距离的自行车存放设施对于通勤者同样重要。居住区的主要新修轨道交通站点应提供充足的自行车停车服务。

◎ 在步行无法抵达工作场所和主要商业目的地时，共享自行车系统更加便捷。

◎ 公共交通服务不足的地区不应再规划新的开发项目。新区规划应该将开发主要布置在公共交通服务周边。

◎ 混合用途和居住片区应配有通向市中心、主要就业区的主要公交服务，同时也拥有本地性的普通公交服务。

◎ 就业集中的工业区应规划通勤公共交通系统，以满足高峰出行需求。为了更有效地提供高公共交通服务运力，最好的选择是整合商业区和住宅区附近的轻工业和研发园区，实现一线多用。

◎ 在新区规划中，需预留公交专用道网络，以便建设快速公交和轻轨。专用道可进行临时绿化，以充当中央隔离带，或对路面进行铺装，供普通公交使用。

◎ 随着出行量的增加，可增设更多先进的车站和换乘设施。最终的交通系统运力需考虑快线和越站车道，需保留足够的路权空间。允许公交车通过交叉路口的插队车道（queue jump lanes）、公交车使用的路肩等绕过特定的局部拥堵点。

◎ 需要建设紧凑型多中心结构加上高品质公共交通系统作为城市形态的关键支撑。通过发展交通枢纽点，推动城市功能疏散，形成多个城市中心。以这种多中心紧凑城市发展有效地缩短人们必要的通行距离，提高交通效率。

◎ 构建最佳"居住地+公交走廊+就业地"出行组合，使公交出行集中在公交走廊两侧，实现紧凑型城市发展。在新开发区域，不同公交车站可实施TOD模式，增加主要车站附近的开发密度和服务。

```
目标 D    建立无障碍公共交通              措施 10    构建完整的无障碍出行链，形成真
          空间与环境                                 正意义上的无障碍环境


                                        措施11     结合城市空间大数据与城市信息模
                                                   型（CIM），建立大范围多功能智慧
                                                   公共交通信息系统服务
          目标 E    建立智能交通与空间
                    信息系统
公共交通                                  措施12     开发无障碍出行导航App，建立全
目标与措施                                           出行链无障碍服务


          目标 F    结合空间规划布局，         措施13     建立一体化衔接的轨道交通接驳
                    建设多模式换乘系统                   体系


                                        措施14     结合城市可再生电力供应新能源公交
                                                   车的使用，避免新能源车碳排放转移
          目标 G    城市能源规划推动鼓
                    励电气化公交车应用
                                        措施15     建设用地布局与空间规划支持电气
                                                   化公交运营需要
```

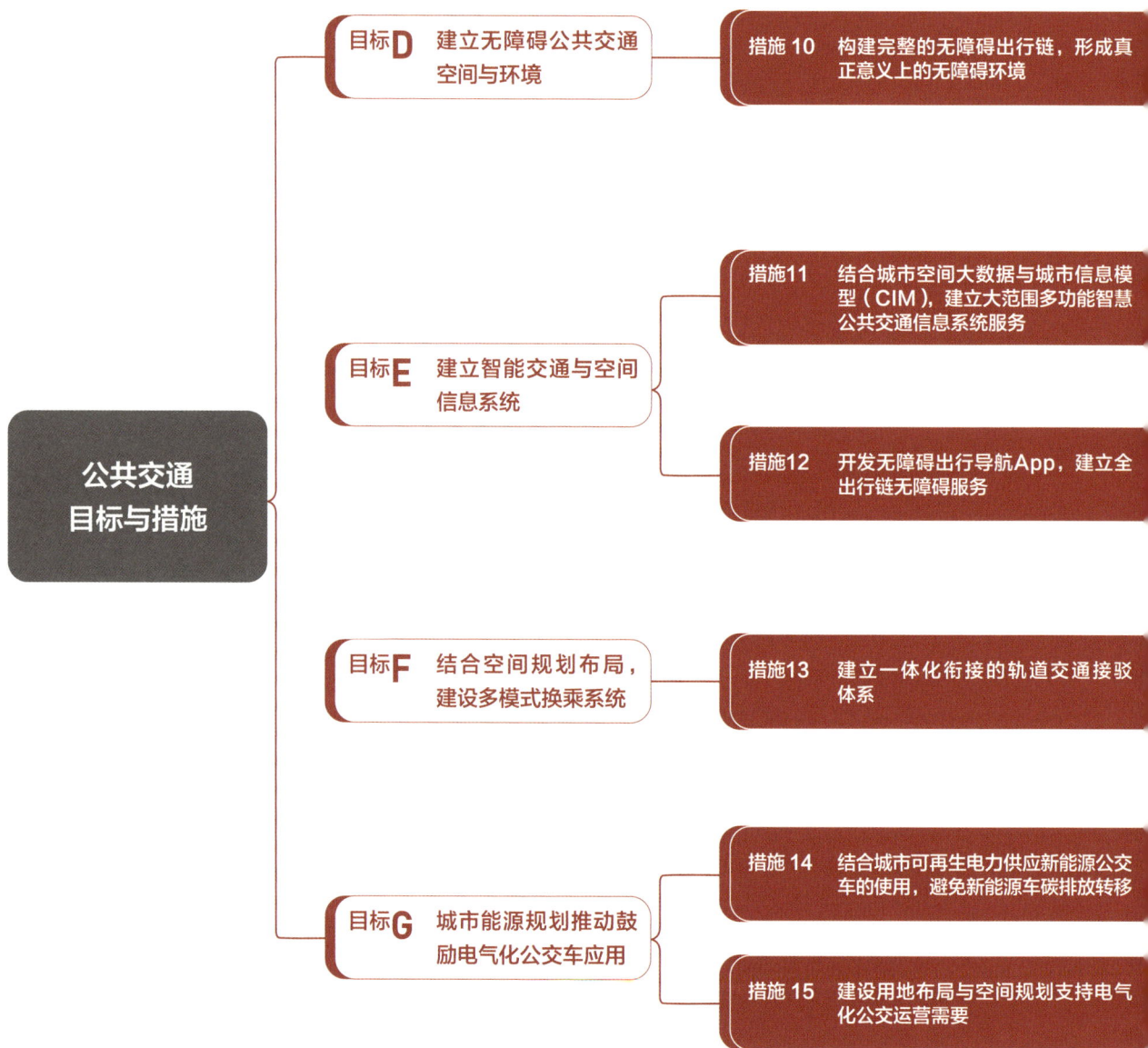

公共交通目标与措施二

◎ 提供无障碍公共交通环境与服务，确保公共交通服务的无障碍化和均等化，构建完整的无障碍出行链，形成真正意义上的无障碍环境，不仅是城市功能和城市品质提升的必然要求，同时也是我国进入老龄社会化发展的现实需要。

◎ 对于常规公共交通规划，站点应设在有特别需要的地方附近，如当地的商店、图书馆、活动中心、养老设施和医院，需要有明显的标识指示乘客应该在哪里等待和公交司机应该在哪里停车。所需的人行道宽度由轮椅或手推车所需的空间确定。

◎ 对于轨道交通，根据交通量大小规划出入口数量，无障碍出入口的位置应方便人们行动、进出。每个站至少有1～2处无障碍出入口，能满足轮椅乘客从地面到站厅的出行需求；换乘站设2处以上，换乘线路越多，无障碍出入口随之增加。

◎ 智慧公共交通系统结合空间数据服务建设，可分为智慧车辆、智慧设施、智慧运营、智慧信息服务等多个方面（具体包括车辆信息互联、车辆驾驶行为监测与预警、场站客流及安全监控、公交专用道路权动态共享管理、定制公交运营调度、乘车电子支付服务等多项内容）。此类信息可整合至同一平台，有利于乘客合理安排出行时间，并建立共享合乘服务平台，鼓励市民更加集约、低碳地使用小汽车。

◎ 无障碍出行导航App提供空间数据信息：在出行前，查询周边公交站、地铁站的实时信息；到达站台后，提供车辆精准动态提醒；车辆到站时，震动及语音提示上车；上车后，实时提醒到站情况，避免坐过站。

◎ 建立以轨道交通为主，地面公交、快速公交为辅的换乘系统。按照轨道交通线路客运出行总量最大化要求，构造出行效率最优化、出行环境舒适化、出行总费用最小化的多制式一体化衔接的轨道交通接驳体系。

◎ 谨慎规划小汽车与公共交通换乘的P+R模式。P+R模式下，公共交通站点的机动车可达性增加，可能吸引更多人在短距离内由小汽车换乘公共交通；乘客也可能为降低停车费用而换乘公共交通工具，但开车绕行至换乘停车场的过程中产生了更多不必要的碳排放。

◎ 通过电气化公交车系统最大限度地减少温室气体排放，规划电力供应必须来自可再生能源，如风能、太阳能等，减少碳排放转移效应。

◎ 考虑空间与土地规划如何支撑电气化公交服务水平和具体技术需要（如充电设施、电池转换、里程限制、服务时间周期等）。

9.3 减碳效益分析

公共交通运输系统载客量大，人均能耗小，碳排放少，减少了人均乘车碳排放，也提高了城市道路空间使用效率。随着城镇化率稳步提升，我国公共交通的运量也同时在增长。据统计，截至2021年底，全国城市公共汽电车运营线路75770条，较2020年末增加5127条；运营线路总长度159.38万km，增加11.17万km；其中公交专用车道18263.8km，增加1712.2km。城市轨道交通运营线路275条，增加49条，运营里程8735.6km，增加1380.9km[❶]。2021年公共汽电车客运量489.16亿人，运营里程335.27亿km，城市轨道交通客运量237.27亿人，较2020年增长34.9%，巡游出租汽车客运量266.90亿人，增长5.4%。深圳、上海、成都、广州、北京等城市的公交线网覆盖率超过了70%，全国有11个城市500m公交站点覆盖率超过了80%[❷]。

低碳社会建设的背景下，核算居民公共交通出行的减碳量，特别是公共汽电车和轨道交通减碳量分析是低碳规划设计的重要工作。

公共交通减碳效益分析要点

目前我国对城市公共交通减碳定量效益分析的量化研究主要针对两大类公共交通出行模式：公共汽车和轨道交通。通过城市建设空间规划与公共交通规划配合可以有效提升城市交通系统的减碳能力。对于城市公共交通出行减碳定量效益分析的量化方法（包括公共汽车和轨道交通出行）包括以下的分析要点：

- 测算运营阶段公共交通出行可以产生的减碳量。公共交通出行（公共汽车或轨道交通）作为活动量产生的碳排放量比小汽车低，因此计算公共交通出行减碳效果时，需要计算公共交通出行代替其他高排放的交通方式出行带来的减碳量。因此减碳定量效益分析需要首先建立一个基准的城市交通情景，分析不同出行方式的出行量和能耗量、基准情景下的人均每程出行的碳排放因子参数，作为测算项目或措施实施后公共交通出行替代效应下的减碳量。

- 基于微观尺度开展居民通勤碳排放研究。基于社区抽样调查数据，探讨居民通勤碳排放特征并分析其影响因素，研究在轨道交通站点或沿线地区的居民，由于轨道交通通勤带来的减少私家车使用的碳减排效应。进而建议以提高土地混合度、调整城市职—住空间关系、建设完善的轨道交通体系作为减少通勤交通碳排放的手段。

- 对轨道交通出行带来的碳排放分析引入全生命周期评估（LCA）理念。地铁交通系统作为一个重资产的长远基础建设项目，碳排放量会在项目的全生命周期的不同阶段产生。针对轨道交通的减碳量分析需要采用全生命周期评估（LCA）理念作为环境影响评价指标。以地铁为例，包含规划建设和运营阶段的碳排放，构建地铁全生命周期碳排放评价方法，对其碳排放、碳汇情况进行定量化分析，确定估算过程中的基础数据和指标参数，并对评价结果进行分析，提供在不同阶段的减碳措施建议。

---

❶ https://www.gov.cn/xinwen/2022-05/25/content_5692174.htm.

❷ https://jtt.hebei.gov.cn/jtyst/jtystxh/hydt/101654487509126.html.

公共交通减碳量测算框架

公共交通出行（公共汽车或轨道交通）方案相对基准情景产生的减碳定量效益分析基本方法与需要的参数包括：

（1）确定基准年和基准情景

- 规划范围内各类交通工具出行比例；
- 乘客采用各类交通工具出行的年客运周转量；
- 各类交通工具的年燃料/能源的能耗总量（AD）；
- 各类交通工具的年燃料/能源的碳排放因子（EF）；
- 测算各类的交通工具出行的人公里排放因子，单位：$kgCO_2/$（人·km）；

- 测算规划范围内交通工具出行的平均人公里排放因子，单位：$kgCO_2/$（人·km）。

（2）实施公共交通出行（公共汽车或轨道交通）原则的项目情景

- 规划实施的公共交通出行规划设计措施；
- 核算各公共汽车类型燃料消耗量；
- 公共汽车类型数量/年运输距离；
- 测算实施规划设计措施后公共汽车系统的年排放总量；
- 测算公共汽车各类型车型的年客运量；
- 测算每个居民公共汽车出行行为减碳量。

基准排放和实施各措施项目带来行为的碳排放差值即为居民公共汽车出行行为的碳减排量，包括平均每人次公共交通出行产生的减碳量和公共汽车项目的年减排总量。

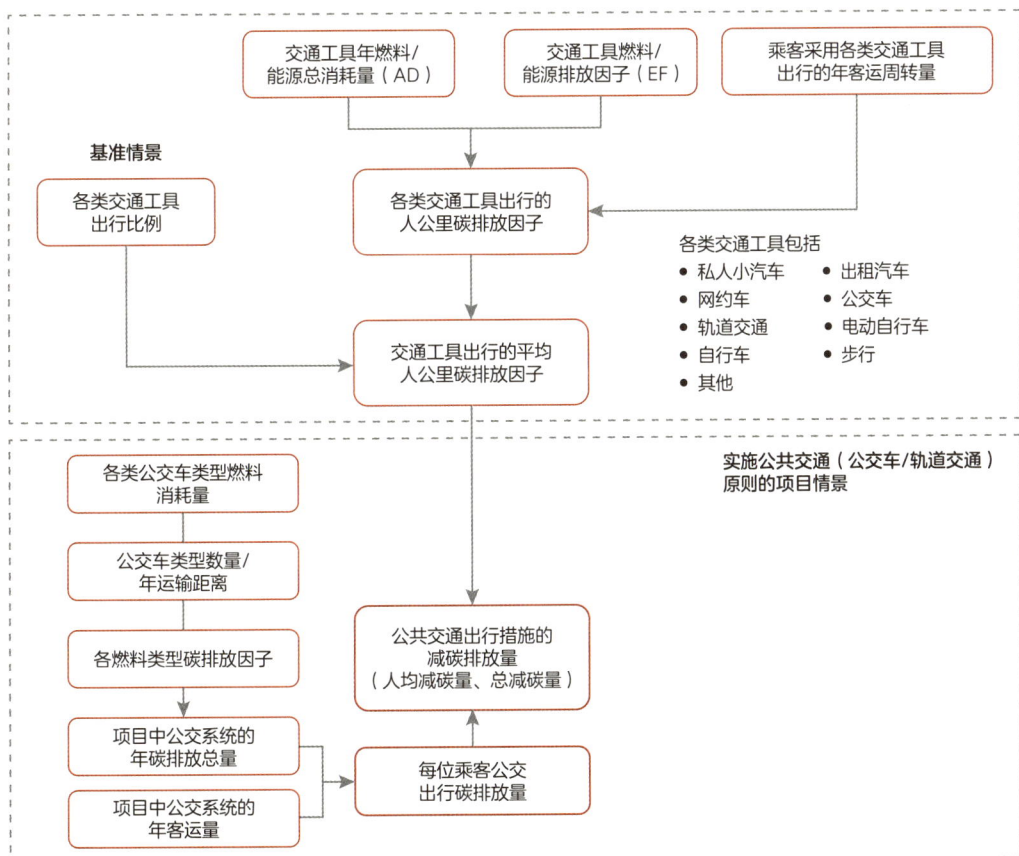

公共交通减碳量测算框架

9.4　参考研究与案例

本节梳理目前国内对公共交通目标与措施有关的碳排放量化评估研究和案例，通过要点和研究摘要综述，为城市规划设计提供科学性、合理性及技术性的参考。

案例9A
广州碳普惠制下居民公共汽车出行减碳量核算方法

按2015年广州市公共汽车系统的客运量计算，全市公共汽车系统带来的年减碳效应为750000tCO$_2$到920000tCO$_2$。

广州碳普惠制下居民公共汽车出行减碳量核算方法提出了居民公共汽车出行减碳量的核算方法，可以计算2015年广州居民公共汽车出行的减碳量[1]。

计算减排量需要设定基准碳排放量。本案例研究提出了两种公交出行基准情景的设定方法。

- **替代法**：假设在基准情景下居民在没有公共汽车服务时选择地铁、出租车、私人小汽车等其他出行方式，所产生的碳排放量设为基准线，计算公共汽车碳减排量。其中，居民替代出行的方式通过问卷调查、专家意见咨询等方式获取。

- **均值法**：以城市客运交通的碳排放现状以及单位人次出行碳排放的平均值为基准线，计算公共汽车碳减排量。其中，各种出行方式的相关数据通过交通运输管理部门和企业调研获得。

根据广州市交通委员会提供的公共汽车类型、数量、年均行驶里程以及单位综合能耗数据，核算基准碳排量。结果显示，2015年广州居民公共汽车出行碳排放总量约为1141951tCO$_2$，平均每人次出行碳排放量约为0.4363kgCO$_2$。核算2015年减碳量结果为：

- 替代法核算广州居民公共汽车出行的减碳量为0.2878kgCO$_2$/人次；
- 均值法核算广州居民公共汽车出行的减碳量为0.3514kgCO$_2$/人次。

按2015年广州市公共汽车系统的客运量计算，替代法和均值法核算全市公共汽车系统的年减碳量分别约为750000tCO$_2$和920000tCO$_2$。研究指出替代法所需的替代出行模式受被调查对象的主观影响较大，而均值法以城市现有的机动化出行为基准碳排放量，受主观因素干扰较小，更适合核算居民公共汽车出行的碳减排量。

---

[1] 郭洪旭，等．碳普惠制下居民公交车出行减碳量核算方法研究——以广州市为例[J]．生态经济，2019（6）：44-48.

广州居民公共汽车出行碳排放计算结果

车型	车辆数（辆）	每车每年行驶里程/km	单位综合能耗	燃料类型	二氧化碳排放系数	年碳排放量（tCO₂）	人均单次乘公共汽车碳排放量（kgCO₂/（人次））
LPG公共汽车	7826		62L/100km	LPG	3.1650tCO₂/t		
纯电动公共汽车	117		80（kW·h）/100km	电力	0.5912kgCO₂/（kW·h）		
插电式LNG混合动力公共汽车	1751	87600km	21Nm³/100km	LNG	2.66kgCO₂/m³	1141951	0.4364
非插电式混合动力公共汽车	1684		28Nm³/100km	LNG	2.66kgCO₂/m³		
LNG公共汽车	2716		35Nm³/100km	LNG	2.66kgCO₂/m³		

来源：郭洪旭，等. 碳普惠制下居民公交车出行减碳量核算方法研究——以广州市为例[J]. 生态经济，2019（6）：44-48.

案例9B
广州市民乘坐地铁出行的减碳量与全市地铁系统的年减碳量分析

按照2015年广州市地铁系统的客运量计算，全市地铁系统的年减碳量为124万～130万tCO₂。

目前对于地铁系统碳排放的研究主要侧重于地铁建设期间的碳排放计算、低碳技术在地铁系统中的应用、地铁可达性，以及居民将地铁作为出行模式的驱动因素和影响机制等方面。本案例研究关注居民乘坐地铁出行带来的减碳量核算❶。

基准情景排放量采用两种方法核算的分析结果如下：

- 替代法基准情景排放。根据乘客问卷调查的结果，广州市如果没有地铁系统，现有地铁系统客运量的55%将由公共汽车提供，15%由出租车提供，25%由私人小汽车提供，4%由大巴车提供，1%由电动自行车提供。结合不同交通工具的运输水平，相当于7128辆公共汽车、9891辆出租车、329700辆私人小汽车、2198辆大巴车以及21980辆电动自行车的运力。替代法计算得到基准情景出行碳排放量约为0.8142kgCO₂/人次。

- 均值法基准情景排放。根据《广州统计年鉴》以及广州城市交通运行数据，广州市的机动车出行模式包括地铁、公共汽车、渡轮、出租车、私人小汽车和大巴车，其中渡轮所占比例较小，可忽略不计。根据2015年广州市各种交通工具的数量以及运输水平，计算得到均值法基准情景下广州市出行碳排放量约为0.7878kgCO₂/人次。

---

❶ 黄莹，等. 碳普惠制下市民乘坐地铁出行减碳量核算方法研究——以广州为例[J]. 气候变化研究进展，2017（5）：284-291.

根据广州地铁集团有限公司提供的年客运量、客运周转量以及单位人公里综合能耗数据，计算得到2015年广州市地铁系统的年碳排放量约为65.53万tCO_2，平均每人次出行碳排放量约为$0.2723kgCO_2$/人次。

采用替代法，2015年广州市民乘坐地铁出行的减碳量约为$0.5419kgCO_2$/人次，均值法采用约为$0.5155kgCO_2$/人次。按2015年广州市地铁系统的客运量计算，采用替代法和均值法全市地铁系统的年减碳量分别约为130万tCO_2和124万tCO_2。

2015年广州市民乘坐地铁出行减碳量计算结果

方法	基准情景碳排放量（$kgCO_2$/人次）	低碳行为碳排放量/（$kgCO_2$/人次）	单次减碳量（$kgCO_2$/人次）	年减碳量（万tCO_2）
替代法	0.8142	0.2723	−0.5419	−130
均值法	0.7878	0.2723	−0.5155	−124

来源：黄莹，等. 碳普惠制下市民乘坐地铁出行减碳量核算方法研究——以广州为例[J]. 气候变化研究进展，2017（5）：284-291.

案例9C
郑州市地铁1号线、2号线周边11个典型社区的居民在地铁线开通前后的通勤交通碳排放测算

郑州地铁1号线开通后人均通勤碳排放减少18%，地铁2号线开通后人均通勤碳排放减少43%。

本案例研究指出郑州随着地铁1号线、2号线和城郊线的开通运营，城市的交通拥堵程度有所下降，但其在全国主要城市交通拥堵指数排名中仍居前列，居民通勤交通碳排放不容忽视。研究以郑州市为例，探讨地铁开通前后居民通勤交通碳排放的变化及其影响因素，为城市地铁碳减排潜力的核算提供理论和分析方法参考[1]。

研究基于郑州市地铁1号线、2号线周边11个典型社区的居民调查数据，对地铁开通前后居民通勤交通碳排放进行了核算，从职业、收入和距离等方面分析了地铁沿线居民通勤交通碳排放的影响因素。

数据来源于2018年3—4月对郑州市地铁1号线和2号线沿线典型社区的居民问卷调查。调查的主要内容包括居民收入、年龄、性别、职业和地铁开通前后的通勤方式及通勤距离等。

研究结果指出：

- 地铁1号线开通后人均通勤碳排放减少18%，地铁2号线开通后减少43%；
- 不同职业类型的居民在地铁开通后通勤碳减排率由高到低依次为教师、公司职员、其他、工人、公务员；
- 居民收入与通勤交通碳排放量呈正相关，与

---

❶ 赵荣钦，范桦，张振佳，等. 城市地铁对沿线居民通勤交通碳排放的影响——以郑州市为例[J]. 地域研究与开发，2021（2）：151-155.

地铁开通后的碳减排率呈负相关；

- 居民通勤碳减排率与居住地到最近地铁站的距离呈负相关，地铁开通后距离地铁站为0～1km、1～2km、2～3km的小区人均通勤碳减排率分别52.76%、41.12%和24.36%。

不同社区人均通勤交通碳排放的对比分析如下：

- 地铁1号线和2号线开通后，居民人均通勤交通碳排放平均减少量分别为220.65g/人和428.46g/人，碳排放均有不同程度的减少。但不同社区碳排放量有一定的差异。1号线周边社区中位于郑州东部的陈三桥社区、高档居住区鑫苑国际城市花园和建业如意花园的碳排放量较高；2号线周边社区居民通勤交通碳排放水平较为均衡，距离地铁站较远的中联创橄榄城5号院居民通勤交通碳排放量稍高。

- 1号线、2号线的开通对不同社区居民通勤交通碳减排的贡献程度不同。1号线开通前，陈三桥社区人均通勤碳排放量最大，由于其地处郑东新区东北边缘，地铁开通前居民通勤距离较远，私人小汽车为主要通勤工具，碳排放量较高。1号线开通后，该社区居民有较高比例的居民选择地铁出行，碳排放量明显降低。

- 城市中心区社区的居民通勤交通碳排放量较低。总体上，位于城市中心区的燕庄社区、郑上路社区、学府社区等尽管地铁开通后碳减排幅度不大，但总体通勤碳排放量较低，这归因于周边配套设施完善，在一定程度上可以增加就近就业的机会，减少远距离通勤。

- 居民的职业类型对个人通勤交通减碳量有一定的影响。不同职业的居民在地铁开通前平均通勤交通碳排放量由大到小依次为公务员、教师、其他、公司职员、工人。其中，工人的通勤交通碳排放量最小，这是由于所调查的大部分工人通勤距离短，电动车或者公共交通是其主要的通勤工具。地铁开通后不同职业居民通勤交通碳排放均呈现降低趋势。

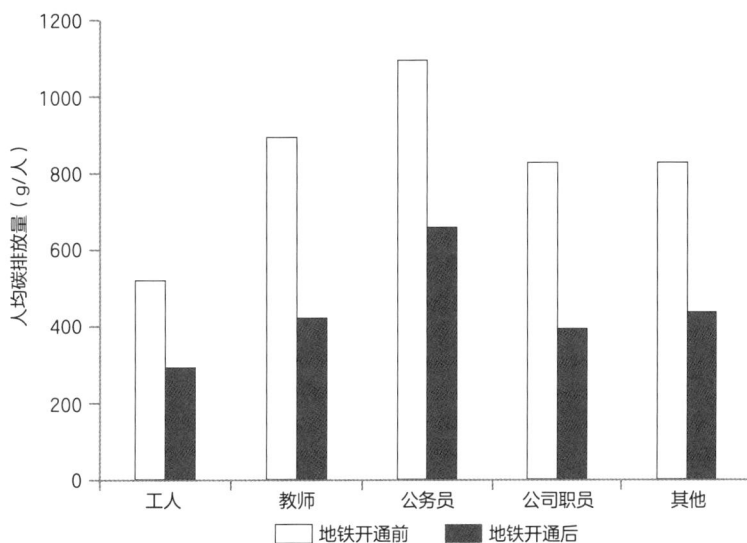

不同职业居民通勤交通碳排放
来源：赵荣钦，范桦，张振佳，等．城市地铁对沿线居民通勤交通碳排放的影响——以郑州市为例[J]．地域研究与开发，2021（2）：151-155．

案例9D
广东省公共交通领域推行新能源汽车碳减排量测算

公共汽车领域推广使用新能源汽车对碳减排具有显著的推动作用：2020年广东省公共汽车碳排放总量比2016年下降44.6%。

本案例研究以广东省公共交通领域推行新能源汽车为例，分析推行前后的碳排放量变化。广东省城市中，广州、深圳已经于2018年实现公共汽车全部电动化[❶]。

2016—2020年广东省城市中公共汽车中纯电动汽车占比达63%～86.9%。除了纯电动车外，公共汽车中的新能源汽车还有部分是气电混合动力车，其在公共汽车中的占比为13%～16%，主要使用天然气与电力混合动力。

根据2020年的数据，广东省新能源公共汽车占公共汽车总量的76.3%，碳排放量占公共交通总碳排放量的33.7%。使用其他能源燃料的公共汽车占公共汽车总量的23.7%，但其碳排放量却占了公共交通总碳排放量的66.3%。

在公共汽车领域推广使用新能源汽车对碳减排具有显著的推动作用：

- 2020年广东省公共汽车碳排放总量比2016年下降44.6%。
- 纯电动汽车的碳排放总量是最低的。如果将混合动力车全部替换为纯电动车，还可以进一步减少12%～20%的碳排放量。

研究指出，由于新能源汽车电能的获取方式不同，每度电的碳排放量存在较大差异。研究设置不同情景分析碳减排的影响因素，发现电网能源结构与车用燃料类型对碳减排具有重要影响。广东省电网能源结构较为合理，对全国具有典型示范作用。

不同燃料公共汽车相关参数及碳排放量

能源类型		二氧化碳排放系数（kg/km）	耗电量［kW/（h·km）］	电网排放因子［kg/（kW·h）］	碳排放量（t/a）
燃油公共汽车		1.65	—	—	1363240
LPG公共汽车		1.16	—	—	956722
气电混合动力	天然气	0.57	—	—	502712
	电	—	0.075	—	
纯电动公共汽车		—	0.9	0.527	403060

来源：陈青，张仁寿. 基于GSA算法的新能源汽车碳排放效应研究——以广东公共交通领域为例[J]. 岭南学刊，2022（6）：115-122.

❶ 陈青，张仁寿. 基于GSA算法的新能源汽车碳排放效应研究——以广东公共交通领域为例[J]. 岭南学刊，2022（6）：115-122.

对全国三种城市公共客运交通出行方式人均二氧化碳排放量的分析结果表明，出租车的人均二氧化碳排放量最大，公共汽电车次之，轨道交通最小，其人均二氧化碳排放量仅为传统巡游出租车的8%。

本案例研究开展了对城市公共客运交通二氧化碳排放量及大气环境影响中长期预测的实证研究。针对全国范围不同公共客运交通出行方式二氧化碳排放及环境影响的中长期预测，构建公共客运交通二氧化碳排放微观测算模型❶。

研究选取城市公共客运交通中的轨道交通、传统/新能源巡游出租车、传统/新能源公共汽电车，以及城际长途客运交通中的铁路和民航等几种主要公共客运交通出行方式进行实例验证。

研究根据2011—2021年全国交通周转量历史数据，应用提出的二氧化碳排放测算模型和线性气候响应模型计算当前二氧化碳排放量。

结果表明：

- 未来10年我国公共客运交通二氧化碳排放量总体呈上升趋势。轨道交通、巡游出租车及公共汽电车等不同出行方式的每公里能耗及排放因子不同，导致二氧化碳排放量存在明显差异。
- 由于不同出行方式的乘客运输量具有显著差异。三种城市公共客运交通出行方式人均二氧化碳排放分析结果表明，出租车的人均二氧化碳排放量最大，公共汽电车次之，轨道交通最小，其人均二氧化碳排放量仅为传统巡游出租车的8%。
- 传统出租车人均排放量最高，为3254.17g/人；新能源出租车为1280.8g/人；传统公共汽车为559.3g/人；新能源公共汽车为325.07g/人；而轨道交通人均二氧化碳排放量最低，为261.11g/人。

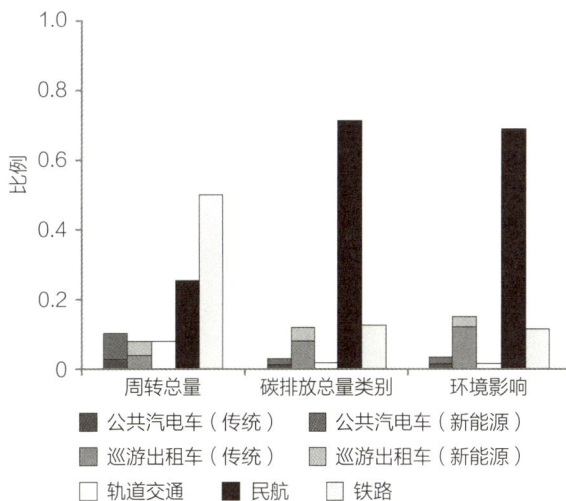

不同类型车辆碳排放量
来源：陈丹，等. 城市公共客运交通碳排放及其大气环境影响的实证研究[J]. 交通运输系统工程与信息，2023（8）：1-10.

---

❶ 陈丹，等. 城市公共客运交通碳排放及其大气环境影响的实证研究[J]. 交通运输系统工程与信息，2023（8）：1-10.

第10章

小汽车控制

规范停车与道路使用，提高道路交通效率

10.1 原理

"即便对城市进行了科学合理的规划，实现了高路网密度、小街区、相对平衡的职住分布，规划了大容量的公共交通系统，但如果放任小汽车进入家庭并且对小汽车的使用不加以限制，那么这个城市的交通最终还将面对严重的拥堵问题。一个城市的交通要想健康地发展，其车辆的使用水平应控制在道路承载能力范围以内。在提供优质的公交服务、鼓励人们使用公共交通的工具同时，还应当采取必要的小汽车限制措施，以降低市民对小汽车出行的依赖"[1]。

巴西库里蒂巴

---

❶ 卡尔索普事务所，宇恒可持续交通研究中心，高觅工程顾问公司. 翡翠城市：面向中国智慧绿色发展的规划指南[M]. 北京：中国建筑工业出版社，2017.

有哪些关于小汽车控制的政策文件？

2009年，中国成为全球汽车新车销量第一的国家；2021年，中国成为全球汽车保有量最大的国家。快速机动化在为市民带来出行便利的同时，也对空气质量、能源安全和气候变化产生了严重的影响。

为了从源头上控制小汽车的增长，目前上海、北京、广州、贵阳、天津、杭州、深圳7个城市实施（或曾经实施）了机动车限购政策。其中，上海采用竞价拍卖，北京和贵阳采取摇号模式，其他城市采用摇号＋竞价的组合模式。

近年来，由于机动车限购的边际效应逐步减弱以及城市对精细化交通管控的要求，相继出台了《国务院办公厅关于深化改革推进出租汽车行业健康发展的指导意见》《绿色出行行动计划（2019—2022年）》《中共中央关于制定国民经济和社会发展第十四个五年规划和二〇三五年远景目标的建议》《2030年前碳达峰行动方案》《"十四五"现代综合交通运输体系发展规划》《中共中央 国务院关于全面推进美丽中国建设的意见》等文件，提出限制小汽车使用，鼓励小汽车合乘，探索实施小汽车分区域，分时段、分路段通行管控措施、推广实施分区域，分时段、分标准的差别化停车收费以提高小汽车电气化转型等各项政策。

路边停车收费示意图

10.2　规划设计目标与措施

为了降低市民对小汽车出行的依赖，在规划设计时应考虑调节机动车停车和道路使用、改善交通空间组织等3个主要目标，可以通过划分机动车控制分区、实施停车收费政策、增加公交专用道等9个措施去实现上述目标。

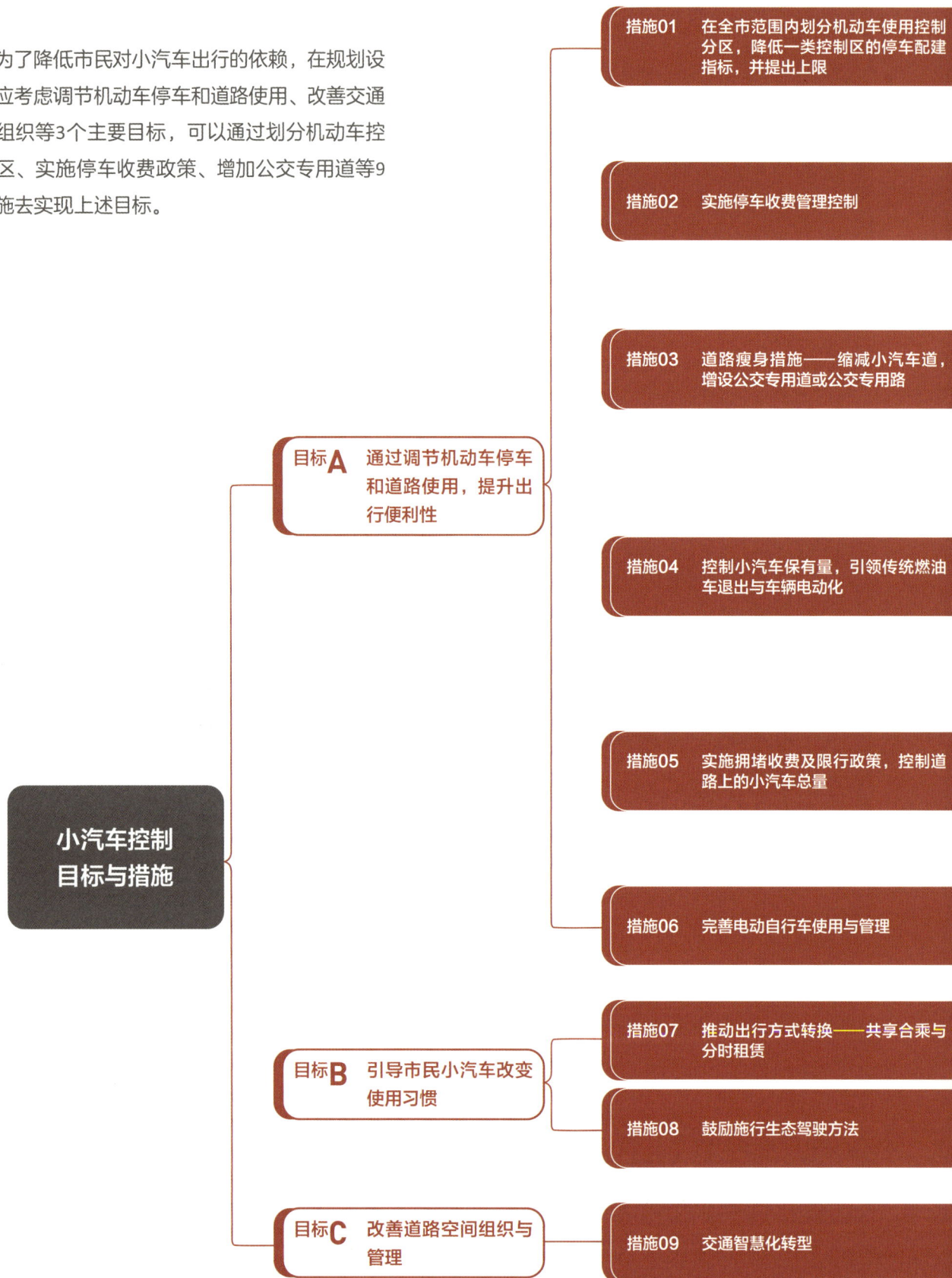

措施01　在全市范围内划分机动车使用控制分区，降低一类控制区的停车配建指标，并提出上限

措施02　实施停车收费管理控制

措施03　道路瘦身措施——缩减小汽车道，增设公交专用道或公交专用路

目标A　通过调节机动车停车和道路使用，提升出行便利性

措施04　控制小汽车保有量，引领传统燃油车退出与车辆电动化

措施05　实施拥堵收费及限行政策，控制道路上的小汽车总量

小汽车控制目标与措施

措施06　完善电动自行车使用与管理

措施07　推动出行方式转换——共享合乘与分时租赁

目标B　引导市民小汽车改变使用习惯

措施08　鼓励施行生态驾驶方法

目标C　改善道路空间组织与管理

措施09　交通智慧化转型

小汽车控制目标与措施

◎ 城市应根据自身实际情况划分机动车使用控制区域，如一类控制区、二类控制区等。根据分区的不同确定不同的停车配建标准和停车收费原则。个别城市也可据此确定拥堵收费水平等。

◎ 其中一类控制区距离地铁站点或快速公交站点最近，其公交可达性与服务水平更高，即使降低距离站点较近的建筑物的停车配建标准，公交方式也可以有效替代小汽车出行。因此，一类控制区的配建指标应提出上限，具体数值应按照现行规定中指标的下限进行折减，至少折减20%。

◎ 在全市范围内取消免费停车位，实行停车累进费率原则，利用价格机制限制长时间停车，提高车位周转率。
◎ 提高路内停车收费标准，与路外停车收费拉开差价；城市中心区占路停车的收费水平应显著高于建筑物配套地面停车场或地

下停车库。
◎ 提高一类控制区（见措施01）的停车收费标准，同时应加强违法停车管理，加大执法力度，提升罚款额度。

◎ 道路瘦身策略意在通过减少原有的机动车道空间满足非机动车、行人等出行需求和安全要求。尤其对于老城区，通过缩减小汽车道，将道路空间还给公交和步行、自行车，同时配合街道环境整治、公共空间品质提升、街道底商形象提升等手段，迅速提升老城核心区人气。
◎ 在建成区城市道路现状慢行空间不足时，可通过优化交通组织、

缩减车道数量和宽度等方式增加慢行空间；新建地区可结合路网规划，合理组织交通，通过缩减车道宽度、设置单向交通等提升街道人性化水平。
◎ 核心区可缩减部分道路的小汽车道，改为公交专用道，甚至改为公交专用路，降低小汽车使用频率，提升公交和步行、自行车出行比例，聚集人气。

◎ 采取机动车保有量行政控制手段，需要根据城市情况设定每年新增车辆配额。新增车辆配额可以采用摇号或拍卖的形式分配。这种方式会在短期内通过减少新车的增长而间接缓解城市拥堵。但长期来讲，它抑制了个人追求舒适的私人小汽车出行的选择，并不一定是最理想的可持续的方案。
◎ 将行政手段与经济手段相结合更加具有可持续性。目前我国小汽车购置税率统一，建议通过拉大不同排量车辆的税收差异，

使高排量车辆的税收更高，补贴小型化、轻量化汽车，降低高能耗车辆的使用量，减少碳排放和能源消耗。
◎ 鼓励车辆电动化转型。通过出台法规与激励政策，加快充电桩建设，鼓励人们购买新能源车。单纯鼓励会导致车辆整体使用量增加，但考虑到电动汽车原材料获取阶段的碳排放较多，在推行车辆电动化政策时，还需要结合其他小汽车控制手段，避免电动小汽车的过度增长。

◎ 拥堵收费政策适用于交通拥堵特别严重，并且已经采取了诸如提高停车收费、增加小汽车购置税费等政策后，仍然效甚微的城市。实施拥堵收费政策的城市，建议在特定控制区内实施。按照不同路段、时段、车辆种类制定不同的收费标准。
◎ 尾号限行政策对减少排放具有明显的因果效应。尾号限行后，

道路车流量降低，车辆间距增加，交通运输效率提高，从而减少燃油浪费和碳排放量。尾号限行作为短期政策可以有效缓解交通拥堵。但政策窗口期有限，需同时大力发展公共交通，否则窗口期过后，市民适应政策后反而会导致车辆增长。

◎ 电动自行车的普遍使用在一定程度上抑制了包含电动小汽车在内的小汽车增长。作为代步工具，电动自行车的购买和使用成本较低，可以较好地满足不同收入水平群体的需求，但电动自行车使用者因超速行驶、不遵守交通法规易引发安全事故。因

此，电动自行车需要加强管理制度。
◎ 目前我国电动自行车与自行车共用道路空间，但两者速度差异较大，为保障骑行安全，应考虑为电动自行车设置单独的车道。

◎ 对于无法避免的小汽车出行，鼓励分时租赁、共享合乘等出行方式，减少能源浪费。汽车分时租赁行业以鼓励为主、监管为辅，出台政策鼓励推行分时租赁。国内汽车生产企业都已进入分时租赁市场，目前比较成熟的平台主要是"分钟+公里"收费模式。

◎ 鼓励施行生态驾驶方法，对使用过程中的小汽车进行速度控制，能够确保行驶平稳性，减少激烈驾驶、突然提速以及不必要的刹车等不当驾驶行为的出现，在车辆自身的驾驶过程中降低碳排放量。

◎ 无人驾驶和运营、智能信控、智慧停车、MaaS一站式出行服务等智能交通技术对节能减排的贡献度均可以超过40%。智慧交通领域的减排愿景是通过智能交通技术对道路上的相关设施（如信号灯等）进行优化升级，实现对小汽车与污染排放的控制。但是，智慧交通系统只能管理当前的高峰时段交通量，不能阻止产生新的交通流量，因此并不能真正解决拥堵问题。所以交通智慧化转型需要与小汽车控制手段一同推进，以抑制新的交通增长。

10.3　减碳效益分析

城市道路交通移动源碳排放是指交通工具在城市道路运输过程中由于能源消耗产生的碳排放。广义上的碳排放不仅包括二氧化碳的排放，还包含二氧化硫、甲烷、二氧化氮等温室气体的排放。由于全球温室气体中二氧化碳是道路交通移动源产生最多的排放物，因此核算城市小汽车在道路出行中产生的碳排放主要针对由于小汽车能源消耗而产生的二氧化碳排放量。

小汽车碳排放定量核算

交通工具是移动的碳排放源头，核算交通工具的碳排放量需要把排放边界界定清楚。下面将对交通工具碳排放边界的两个基本概念进行解读。

交通工具的排放边界两个基本概念是直接碳排放和间接碳排放[1]。直接碳排放的范围界定为化石燃料直接燃烧产生的碳排放，例如公交车、出租车、私人小汽车、摩托车等燃油车使用汽油和柴油等化石燃料直接燃烧产生的碳排放。间接碳排放的范围界定为运输工具在使用过程中没有直接产生碳排放，但其燃料生产过程中间接产生了碳排放，例如电动小汽车、电动公交车运行过程不直接产生碳

排放，但其消耗的电能所产生的碳排放计入电气化车辆间接碳排放中。在进行核算时，直接碳排放和间接碳排放都需要被纳入研究范畴。

城市道路交通移动源碳排放核算研究需要界定出行核算边界[2]，确保后期对碳排放量核算成果具有时间与空间的针对性，能够针对小汽车和其他不同的交通方式制定相应的碳排放管理及减排措施。

出行核算边界有四种计算方法[3]：

- 行政区域：与城市交通政策的影响范围对应，一般需要细化到交通小区精度。
- 居民户籍：可将其他城市的居民出行纳入计算，需要以完整的居民出行调查数据为基础。
- 出行起讫点：研究范围较广，包括城市内部出行与城际出行，但无法考虑过境交通带来的影响。
- 燃油销售地：需要准确的燃油销售数据，计算方式简单，但计算精度比较欠佳。

运输性质（客运和货运）、交通工具、燃料、负载能力及技术特点等会进一步细分碳排放范围。其中，客运包括小汽车、公交车、长途客车；货运包括小型货车、中型货车、大型货车。每种交通方式都具有特定的能源消耗及碳排放规律。

---

❶ 沈岩，武彤冉，闫静，等. 基于COPERT模型北京市机动车大气污染物和二氧化碳排放研究[J]. 环境工程技术学报，2021，11（6）：1075-1082.
❷ 丛建辉，刘学敏，赵雪如. 城市碳排放核算的边界界定及其测度方法[J]. 中国人口·资源与环境，2014，24（4）：19-26.
❸ 丘建栋，等. 城市道路交通移动源碳排放核算方法[J]. 城市交通，2023（7）：77-86.

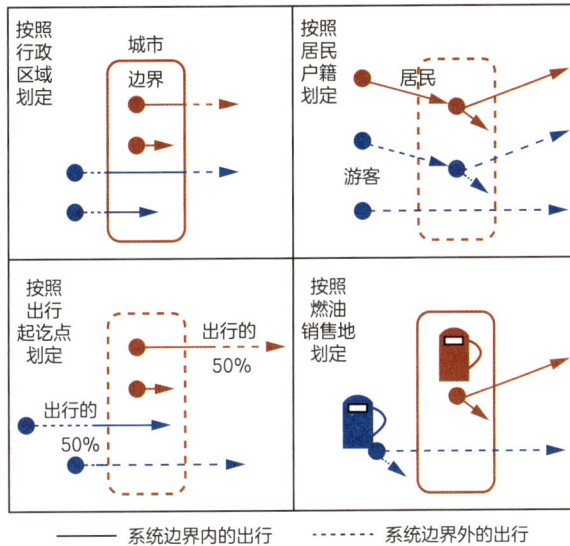

城市道路交通移动源碳排放出行核算边界示意
来源：丘建栋，等. 城市道路交通移动源碳排放核算方法[J].
城市交通，2023（7）：77-86.

基于指南标准的排放系数法

基于指南标准的排放系数法[1]是目前应用最广泛的碳排放核算方法，也是国内外编制温室气体排放清单的依据。该方法是根据联合国政府间气候变化专门委员会等机构发布的指南标准形成的。其中，小汽车二氧化碳排放量等于小汽车交通活动水平与各类汽车使用的燃料排放因子的乘积，公式表述如下：

$$E = \sum_{a} \left(F_a \cdot EF_a \right)$$

式中： E ——二氧化碳排放量，单位kg；

F_a ——第a类燃料的消耗量，单位kg，主要来源于国家相关统计数据、监测数据或调查资料、排放源普查等；

EF_a ——第a类燃料的排放因子，可以采用国际通用的《2006年IPCC国家温室气体清单指南》推荐值或权威机构实际测量结果。

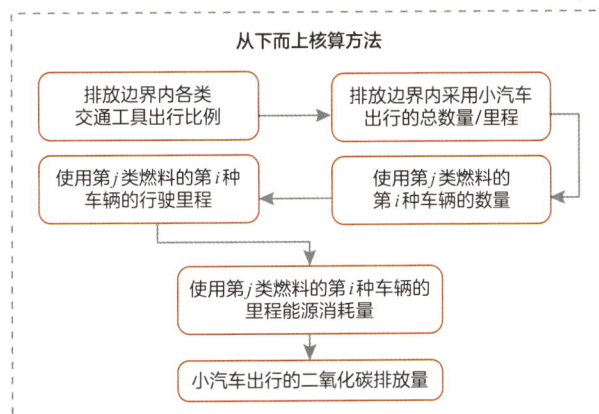

小汽车二氧化碳排放量核算技术路线

---

❶ IPCC. 2006 IPCC Guidelines for National Greenhouse Gas Inventories[R]. 2006.

基于以上公式，按照小汽车二氧化碳排放量自下而上核算方法流程，分析国家或区域交通部门各种交通方式的分担率、车辆里程数、保有量、单位行驶里程能耗量计算燃料消费总量，在此基础上乘以燃料的排放因子，间接获得交通部门的碳排放量。其公式表达如下：

$$E = \sum_{a} \left\{ \sum_{i,j} \left(V_{i,j} \cdot S_{i,j} \cdot C_{i,j} \right) \right\} \cdot EF_a$$

式中：E——二氧化碳排放量，单位：kg；

$V_{i,j}$——使用第j类燃料的第i种车辆的数量，单位：辆；

$S_{i,j}$——使用第j类燃料的第i种车辆的行驶里程，单位：km；

$C_{i,j}$——使用第j类燃料的第i种车辆的里程能源消耗量，单位：kg/（km·辆）。

另外，也可以参考目前国内相关行业协会提出企业碳排放评估方法[1]和国家对汽车的检测与排放核算方法标准，包括：

- 《轻型汽车燃料消耗量试验方法》GB/T 19233—2020；
- 《轻型混合动力电动汽车能量消耗量试验方法》GB/T 19753—2021；
- 《轻型汽车污染物排放限值及测量方法》GB 18352.6—2016；
- 《乘用车燃料消耗量评价方法及指标》GB 27999—2019。

按照上述提出的小汽车使用控制目标和措施，本章整理不同的研究结果，重点说明部分相关的措施在减碳排方面的测算研究结果，供读者参考。

控制小汽车保有量减碳效益

控制小汽车保有量的目的是从根本上控制小汽车的数量，可以细分为小汽车数量限制、牌照拍卖、摇号购车、消费税率调整、车型控制等措施，其中摇号购车、牌照拍卖等措施对城市小汽车保有量形成了有力的控制效果，从而为碳减排的效益作出贡献。多年限牌累积的长期效应在总体上降低了小汽车使用的社会边际成本，将收取的一部分费用用于改善公共交通服务，从而相对提高了限牌的社会效益[2]。

车辆电动化及车型控制减碳效益

车辆类型转换带来的减碳效益主要源于不同类型的小汽车生命周期的碳排放差异，尤其是燃料周期的碳排放差异。其中柴油车碳足迹最高，纯电动车碳足迹最低，相较于汽油车，插电式混合动力车和纯电动车燃料周期碳排放减幅分别为28.8%与57.2%。

《中国汽车低碳行动研究报告2021》[3]显示，电网清洁化将是汽车行业效力最强的减碳措施之一，减排潜力占比达到2020年50%。以SUV车型为例，碳排放最低的A0级SUV平均碳排放为229.5gCO₂e/km，纯电动A0级SUV平均碳排放为157.9gCO₂e/km，平均碳排放下降了31.2%。

❶ 中汽中心. 中国汽车低碳行动研究报告2021——向全生命周期净零排放迈进[R]. 2021.
❷ 陶钧. 上海市私车额度拍卖政策效果研究[D]. 上海：上海交通大学，2019.
❸ 中汽中心. 中国汽车低碳行动计划研究报告2021[R]. 2021.

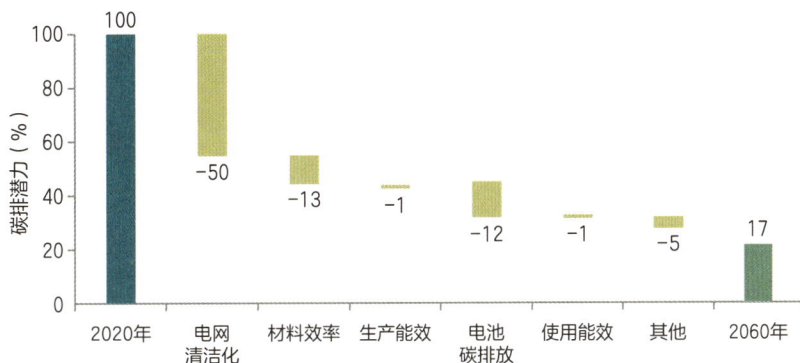

现有政策情景下纯电动车2060年生命周期碳减排潜力分析

来源：中汽中心. 中国汽车低碳行动计划研究报告2021——向全生命周期净零排放迈进[R]. 2021.

出行方式转换减碳效益

荷兰的一项研究指出[1]，共享汽车一般用来替代第二辆或第三辆汽车。相较于使用共享汽车之前，共享汽车使用者的汽车保有量减少了30%，行驶里程减少了15%~20%，每人每年碳排放减少了240~390kg，相当于相关的碳排放量的13%到18%。

但大力推行共享汽车可能会造成车公里的增加，应该同时推行政策引导拼车、合乘等方式。小汽车载客率50%与满载时的每公里碳排放量差异约为50g，载客率80%与满载时的每公里碳排放量差异约为10g。

国内共享出行平台大幅提高了车辆使用效率，降低了私家车出行频率。2017年滴滴出行的减碳效应突出，其中二氧化碳排放量减少了150.7万t[2]。

对于短距离出行而言，使用共享自行车及电动自行车每公里相比小汽车出行会减少260.8g左右的碳排放量。但就电动自行车而言，小汽车的碳排放量是共享电动自行车的16倍[3]，意味着使用电动自行车代替小汽车出行，会减少80%以上的碳排放。

交通拥堵收费减碳效益

有研究对北京市实行拥堵收费后的减碳效果进行预测，发现对于不同类型的污染物而言，拥堵收费对于二氧化碳排放的控制效果最优，相对于对照组（未采取机动车控制政策），2017年拥堵收费政策的二氧化碳排放量减少了15.2%，2020年拥堵收费政策的二氧化碳排放量减少了14.4%[4]。

---

[1] NIJLAND H, VAN MEERKERK J. Mobility and environmental impacts of car sharing in the Netherlands[J]. Environmental Innovation and Social Transitions, 2017, 23, 84-91.

[2] 生态环境部环境与经济政策研究中心. 互联网平台背景下公众低碳生活方式研究报告[R]. 2019.

[3] 生态环境部环境发展中心，中环联合认证中心. 共享骑行减污降碳报告[R]. 2021.

[4] 世界资源研究所. 北京低排放区和拥堵收费政策减排效果方法研究[R]. 2017.

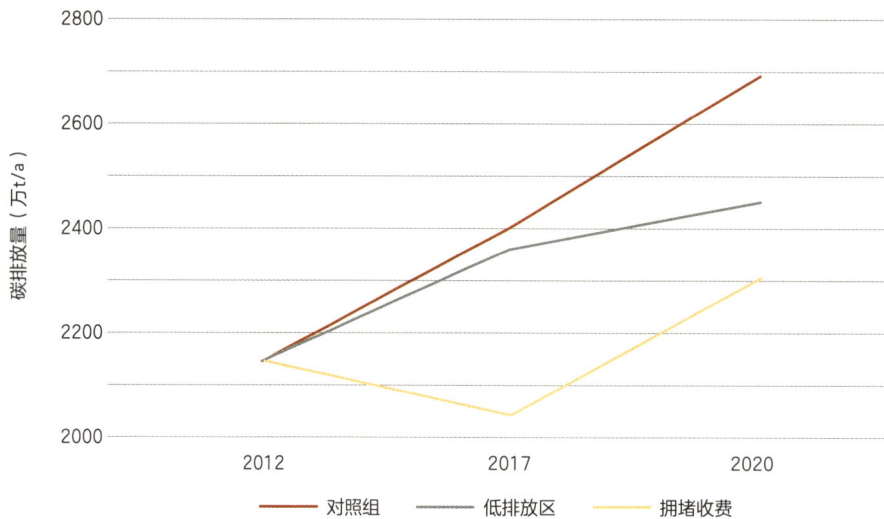

拥堵收费减碳效果预测年份

来源：世界资源研究所．北京低排放区和拥堵收费政策减排效果方法研究[R]．2017．

停车收费减碳效益

有研究对实施停车收费政策后的减排效果进行测算，研究结果表明路内停车收费政策实施后，交通秩序不断改善、车辆运行速度有所提升，试点片区工作日晚高峰小时机动车碳排放量平均减少了约4.6%。同期，非试点片区晚高峰小时机动车碳排放量平均增长了约2.2%[1]。对比可知，路内停车收费政策对机动车碳排放具有明显影响。

施行生态驾驶方法减碳效益

生态驾驶方法的推广可以有效减少车辆的燃油消耗，影响电动汽车的里程变化。但生态驾驶是对驾驶者行为的规训，需要适当的训练以及适合的情境。有研究表明生态驾驶可以减少10%～20%的燃料消耗和二氧化碳排放，并不会对整个行程时间造成太大影响，碳减排效果还是主要取决于拥堵情况，虽然其在正常行驶的情况下效果并不显著，但在拥堵情况下可以产生可观的效益[2]。

（1）速度控制

有研究对小汽车行驶速度与碳排放量的关系进行量化，发现碳排放量与车速之间存在二次抛物线关系，当小汽车车速达到经济车速时，能源消耗最少，排放的温室气体最少。小汽车以经济车速行驶时的碳排放量与高速行驶时的碳排放量之差可达到7g/km[3]。

[1] 林涛，吕国林，田锋，等．深圳市试点片区路内停车收费政策评估[J]．城市交通，2016，14（4）：30-39．
[2] BARTH M, BORIBOONSOMSIN K. Energy and emissions impacts of a freeway-base d dynamic eco-driving system[J]. Transportation Research Part D: Transport and Environment, 2009, 14(6): 400-410.
[3] 蔡春丽，孙朝印，彭波，等．行车速度与碳排放关系研究[J]．公路与汽运，2015（3）：61-64．

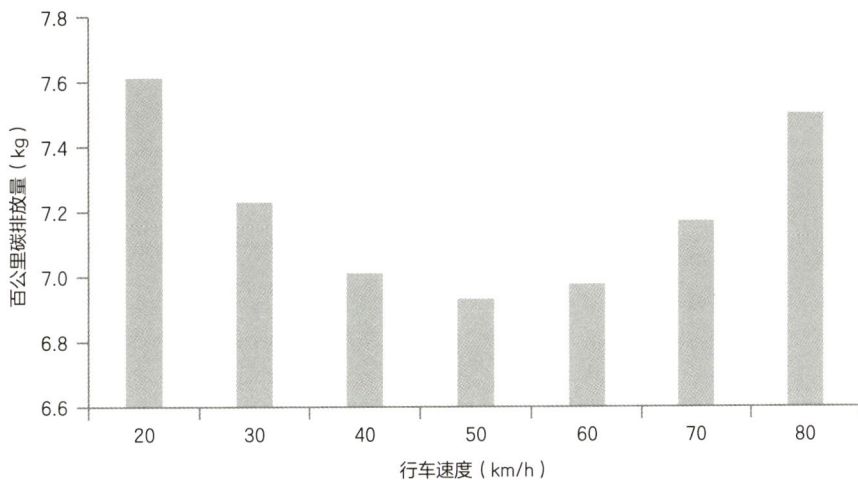

车辆行驶速度与碳排放量的关系

来源：蔡春丽，孙朝印，彭波，等. 行车速度与碳排放关系研究[J]. 公路与汽运，2015（3）：61-64.

（2）交通智慧化转型

智慧交通系统的构建也将带来显著的减碳效益。有研究表明，百度已在利用AI技术优势，通过推广自动驾驶、车路协同等，寻求智能交通体系全链条减碳最优解。预计至2030年，百度将推动城市交通减少7000万t碳排放，大致相当于2020年全国总碳排放量的8%[❶]。智慧停车衍生出的各类平台及辅助软件可以帮助车辆更快、更便捷地找到可用停车位，这同样也在助力碳减排。以"慧停车"App为例，截至2021年5月，累计服务车次1.6亿次，减少碳排放量3456万t[❷]。

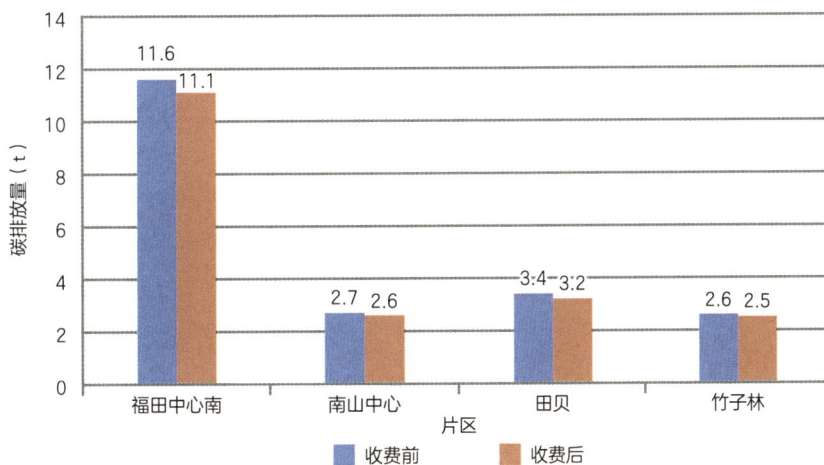

停车收费试点片区工作日晚高峰碳排放量对比

---

❶ 百度，ID. 智能减碳，激发绿色转型动力——2021年中国人工智能助力"双碳"目标达成白皮书[R]. 2022.

❷ 体强. 智慧停车助力碳中和"慧停车"打造环保出行标杆[EB/OL]. [2021-05-06]. https://www.163.com/news/article/G9AMEVEJ00019OH3.html.

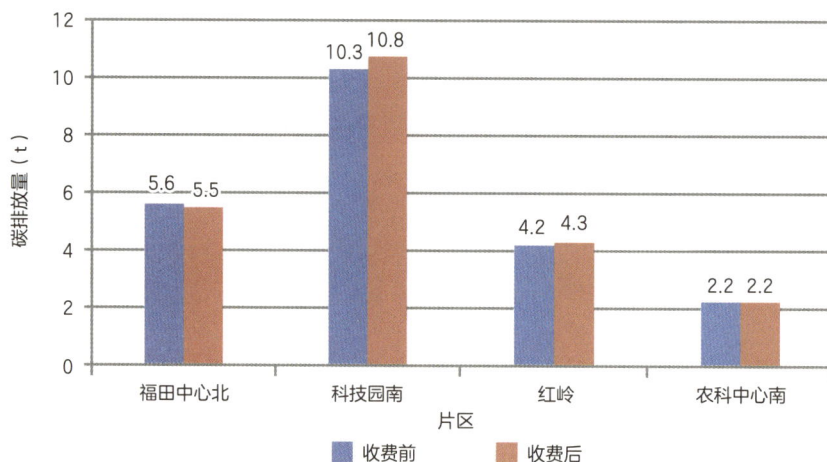

停车收费非试点片区工作日晚高峰碳排放量对比

来源：林涛，吕国林，田锋，等. 深圳市试点片区路内停车收费政策评估[J]. 城市交通，2016，14（4）：30-39.

10.4　参考研究与案例

本节梳理了目前国内与小汽车控制目标与措施有关的碳排放量化评估的研究和案例，通过综述研究要点和摘要，为城市规划设计提供科学性、合理性及技术性的参考。

案例10A
北京、武汉和西安的居民通勤出行减碳分析

当居住地与市中心距离超过10～15km，发展多中心和卫星城市可以大幅减少二氧化碳排放量。研究指出乘坐地铁比使用小汽车出行减少37.8%的碳排放量。

本案例研究分析了影响交通二氧化碳排放的主要因素，以便制定合理的减排规划策略。研究于2010—2012年在北京、西安、武汉的社区面对面采访了通勤者，收集其出行数据[1]。研究分析显示：

- 社区内家庭小汽车使用率提升会增加8.8倍的碳排放量；而通勤距离增加会增加79.6倍的二氧化碳排放量。
- 当居住地到市中心的距离达到5.8km或更远，

---

[1] Yang L, et al. Rational planning strategies of urban structure, metro, and car use for reducing transport carbon dioxide emissions in developing cities[J]. Environment, development and sustainability, 2023, 25: 6987-7010.

小汽车使用率为41.2%或更高时，使用地铁出行服务可以减少37.8%的二氧化碳排放量。

- 当居住地到市中心超过10～15km，发展多中心和卫星城市可以大幅减少二氧化碳排放量。

根据分析结果，研究建议的空间规划策略是：

- 将城市居民使用化石燃料汽车的比例限制在40%左右。

- 在5～6km的半径范围内形成就业和生活圈，地铁站周边配置更好的公交服务，提供高质量的行车道、步行道和绿道，可以吸引更多的居民使用地铁。

- 在单中心模式下，城市半径宜控制在10～15km。当城市无法避免地扩张时，应促进形成多中心的城市结构。

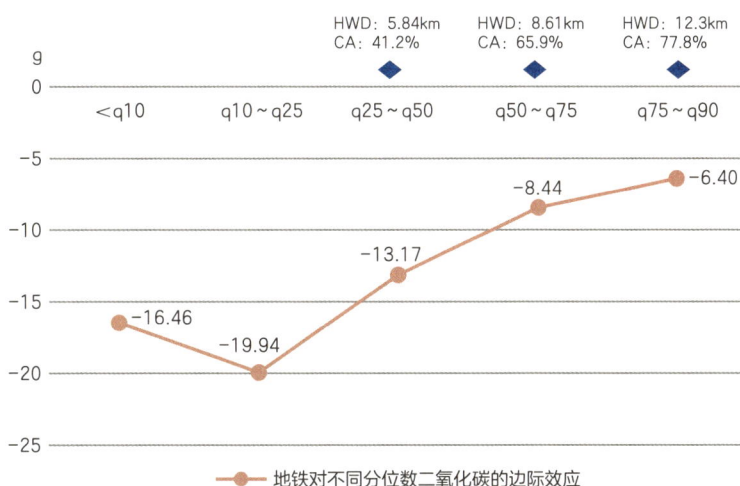

通勤者百分比、每次出行的交通二氧化碳排放量以及不同分位数的地铁边际效应
注：q为分位数；HWD表示以km为单位的从家到单位的距离；CA表示小汽车可用性。

案例10B
西安和班加罗尔城市通勤出行的减碳分析

小汽车载客率的增加可以将通勤二氧化碳排放量减少20%、50%。

本案例研究分析了西安和印度班加罗尔城市通勤者二氧化碳排放特征及影响因素，从而确定减少交通二氧化碳排放和缓解策略[1]。

研究表明，按照当前西安二氧化碳排放量的增长速度，到2030年，中国和印度主要城市电动车、公交车和汽车的二氧化碳排放总量将从2012年的1.35亿t增加至9.61亿t，占2013年全球二氧化碳排放总量的0.37%～2.67%，对全球气候变化具有显著影响。

---

[1] Wang, Y, et al. Urban CO$_2$ emissions in Xi'an and Bangalore by commuters: implications for controlling urban transportation carbon dioxide emissions in developing countries[J]. Mitigation and adaptation strategies for global change, 2017, 22: 993-1019.

主要研究结论包括：

- 两个城市小汽车载客率（Vehicle Occupancy Rate）的增加可以将通勤二氧化碳排放量减少20%、50%；反之，如果小汽车载客率降低，则通勤二氧化碳排放量会增加33.33%、66.67%。
- 两个城市中居住在城市外围地区的个人和家庭产生的通勤二氧化碳排放量都高于居住在城市中心区域的，反映了小汽车通勤出行使用比例有地域差别。

- 对比来看，西安通勤二氧化碳排放量相对较低是由于相对高密度和紧凑的城市发展空间格局、更短的通勤距离、更高的公交出行比例和更高的清洁能源汽车使用率。更加分散和广泛的城市扩张以及摩托车的普及导致班加罗尔的通勤二氧化碳排放量更高。在西安，20%的通勤者和家庭的二氧化碳排放量占总通勤二氧化碳排放量的70%。

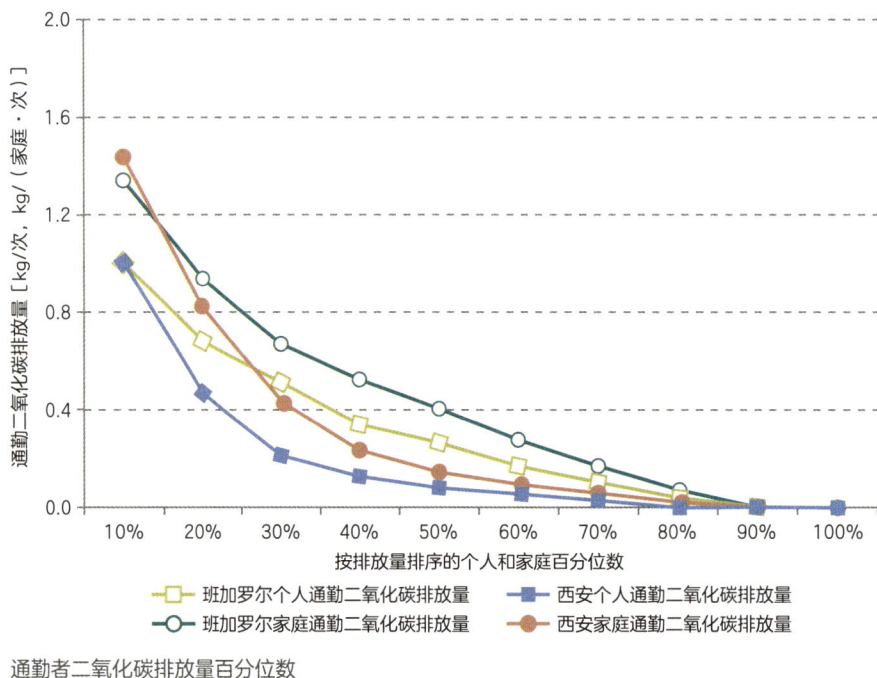

通勤者二氧化碳排放量百分位数

案例10C
小汽车和公共汽车的能源结构优化减碳场景分析

当公共汽车全部采用电动车型时，公共汽车碳排放总量较之前减少了70.83%。

本案例研究对我国某城市便携式通信设备的轨迹序列进行30天连续采样，以此提取出行距离、出行时长以及出行方式数据，并形成142877条匿名的有效出行轨迹序列。然后构建了基于机动车动力类型的碳排放核算模型，得到了城市居民出行碳排放模型与特征[1]。

---

❶ 何榕健，等. 城市居民出行碳排放模型构建及其应用[J]. 复旦学报（自然科学版），2023（12）：796-806.

研究指出：

- 公共汽车、小汽车和地铁一个月内累计产生了33.26t出行碳排放，贡献度分别为97.63%、2.09%和0.28%。
- 从出行距离总量上看，小汽车贡献度不高，而公共汽车贡献度最高，但小汽车出行平均每公里碳排放量为167g，比公共汽车的19g高7.8倍。
- 研究分析了小汽车和公共汽车的能源结构优化减排场景，评价碳排放的削减量。

- 在小汽车出行距离不变的情况下，通过优化不同动力类型小汽车的保有量，即限制燃油型小汽车，大力推广电力型小汽车，实现该出行方式碳排放的总量控制和削减。与现状（基准场景）相比，当燃油型小汽车保有量分别下降至50%和0%，电力型小汽车分别上升至50%和100%时，小汽车出行碳排放总量较未优化前分别削减了20.52%和51.94%。
- 当公共汽车全部采用电力型时，公共汽车碳排放总量较未优化前削减70.83%。

多种场景下二氧化碳减排量

减排场景	具体措施	参数变化	碳排放（g）	削减量（%）
小汽车能源结构优化	小汽车出行距离不变，减少燃油型小汽车保有量，提升电力型小汽车保有量	燃油型小汽车保有量50%；电力型小汽车保有量50%	553658	20.52
	小汽车出行距离不变，禁止使用燃油型小汽车，全力提升电力型小汽车保有量	燃油型小汽车保有量0%；电力型小汽车保有量100%	334994	51.94
公共汽车能源结构优化	公共汽车出行距离不变，回收燃气型公共汽车，全力提升电力型公共汽车	燃气型公共汽车保有量0%；电力型公共汽车保有量100%	9473380	70.83
出行结构优化	小汽车能源结构不变，缩短小汽车出行距离，增加地铁和公共汽车出行距离	小汽车出行总距离2152.406km；地铁出行总距离51339.775km；公共汽车出行总距离1693578.34km	32949967	1.05
	小汽车能源结构不变，禁止小汽车出行，全面实现地铁出行和公共汽车出行	小汽车出行总距离0km；地铁出行总距离52339.775km；公共汽车出行总距离1694730.746km	32612792	2.07

案例10D
西安市2025年和2030年城市出行二氧化碳排放情景分析

在采用能源优化和出行结构优化的综合情景下，西安市2025年和2030年城市出行二氧化碳排放量比2019年分别降低13.4%、27.3%。

本案例研究对西安市不同交通出行方式产生的二氧化碳排放量进行测算[1]。2019年西安市中心城区居民日均出行总量为1204.2万人次，居民出行强度为2.03人次/d。全市小汽车保有量为308.26万辆，以汽油车和新能源车为主，其中新能源汽车占比约为3%。

研究结果表明：

- 2019年，西安私人小汽车出行分担率仅为所有出行方式的15.7%，但其产生的碳排放量最大，约占出行碳排放总量的62.5%；其次为出租车和网约车，共承担了8.2%的出行分担率，其排放约占出行碳排放总量的16.2%；

公共汽车承担了23.2%的出行分担率，其碳排放量约占出行碳排放总量的13.3%。轨道交通承担了13.7%的出行分担量，其排放量约占总出行排放量的8%。

- 总体来看，轨道交通具有最好的减碳效益，是碳排放量最低的出行方式，其人均碳排放强度为0.017kg/（人·km），约为小汽车的1/10。

- 优化能源结构、促进清洁能源车辆应用、提高公共交通出行占比对于缓解和改善城市交通出行减排效果显著。在采用能源优化和出行结构优化的综合情景下，西安市2025年和2030年城市出行碳排放量比2019年分别降低了13.4%、27.3%。

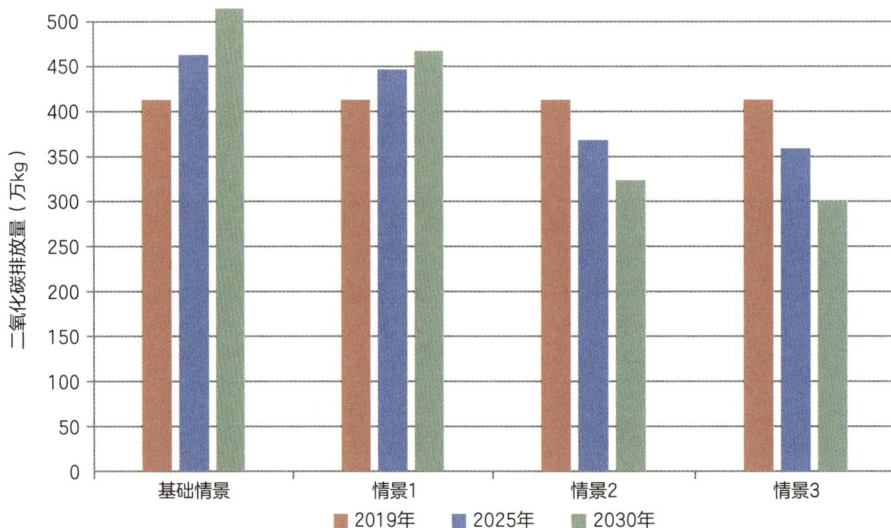

不同情景下的城市出行碳排放量
注：基础情景为2019年交通发展情况，情景1为出行结构优化；情景2为能源结构优化；情景3为能源优化和出行结构优化的综合情景

---

❶ 何水苗，安东. 西安市居民出行二氧化碳排放测算及减排路径分析[C]//. 绿色·智慧·融合——2021/2022年中国城市交通规划年会论文集. 2022.

案例10E
2020年我国乘用车全产业链碳排放量分析

我国乘用车全产业链碳排放总量约为6.7亿t。在燃料周期所产生的碳排放中，绝大部分来自汽油车，占比98%；而纯电动车比传统的汽油车减少了约40%的碳排放量。

中国汽车技术研究中心发布的2021年度《中国汽车低碳行动计划研究报告》（下称《报告》）显示，汽车碳排放约占我国交通领域碳排放的75%，其生产和使用涉及钢铁、油气等众多产业，产业链较长。2020年我国乘用车全产业链碳排放总量约为6.7亿t，其中74%的碳排放来自汽车使用环节，26%的碳排放来自制造环节。在燃料周期所产生的碳排放中，绝大部分碳排放来自汽油车，占比98%；而纯电动车比传统的汽油车减少了约40%

碳排放量。除了燃油乘用车，商用车也是排放大户。数据显示，商用车保有量虽仅占我国汽车保有量的10.9%，产生的碳排放量却占到道路交通碳排放的56%。

值得注意的是，汽车行业仅靠车辆电动化及使用能效的提升不足以实现碳中和，需要探索汽车全生命周期的碳减排措施及负碳技术。

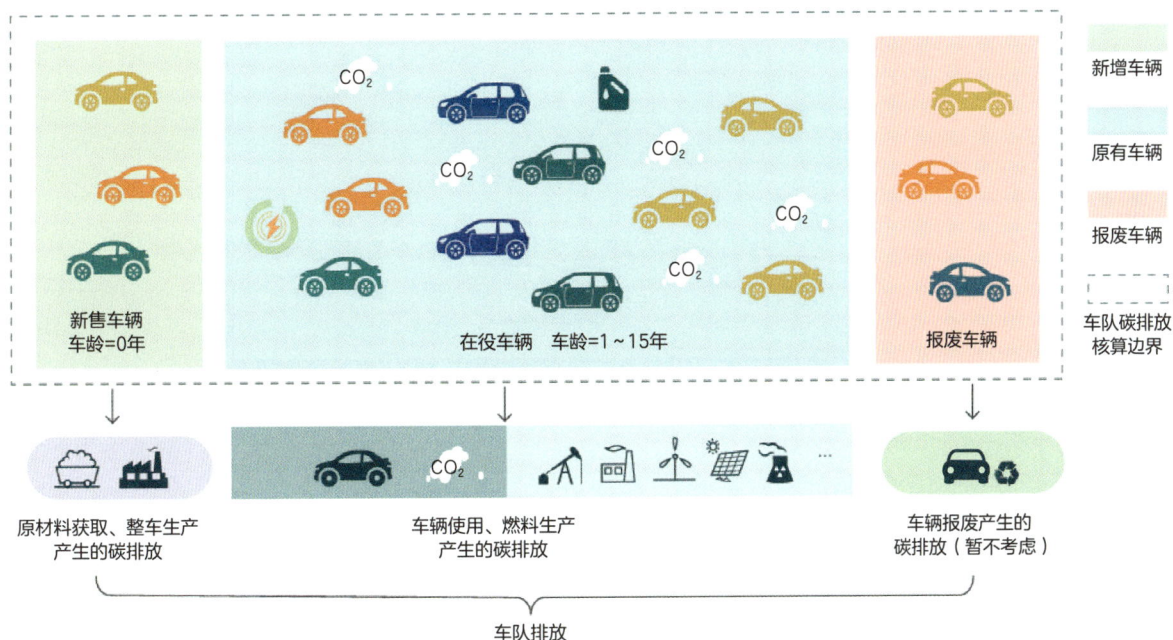

乘用车生命周期碳排放核算边界

案例10F
瑞典斯德哥尔摩交通拥堵收费政策对交通的影响研究

瑞典斯德哥尔摩交通拥堵收费政策对交通的影响超出了收费区范围。整个城市地区的交通二氧化碳排放量下降了2%~3%。

2006年，斯德哥尔摩试行了为期7个月的交通拥堵收费政策。自2007年8月起，斯德哥尔摩再次实施交通拥堵收费政策并持续至今。收费体系包括18个位于进出市中心区主干道瓶颈地段的收费点；夜间、周末和7月假期不征收交通拥堵费；约15%的通行车辆无需缴纳交通拥堵费，如公共汽车、外埠车辆等❶。

交通拥堵收费政策的效果包括：

• 斯德哥尔摩的拥堵收费政策间接促进了绿色车辆的推行。政策实行之初，使用传统化石燃料（如汽油或柴油）以外的替代燃料（如乙醇、生物燃料或混合燃料）车辆无需缴纳交通拥堵费，替代燃料车辆比例从2006年的3%升至2009年的15%。

• 政策对交通的影响超出了收费区范围。市中心区车辆行驶公里数下降约16%。而在市中心区以外的地区，偏远接驳道路和偏远街道的交通流量下降幅度略高于5%。整个城市地区的交通二氧化碳排放量下降了2%~3%。

斯德哥尔摩的交通拥堵收费政策引起了世界范围的广泛关注。究其原因，一是可以评估交通拥堵收费政策对交通拥堵水平和出行行为产生的影响；二是克服了市民对实施交通拥堵收费政策强烈的反对，顺利通过了激烈而复杂的政治和法律程序，包括最初由反对者提出的公投，并最终获得了2/3以上市民的支持。同时，交通拥堵收费政策的成功离不开技术系统成功运行、宣传活动的施行、广泛及科学的评估以及明确的目标。

交通拥堵收费政策对收费路段交通流量的影响程度（与2005年交通流量水平相比）

年份	2006a	2007b	2008	2009	2010	2011	2012	2013
因收费出现的交通流量的下降	−21.0%	−18.7%	−18.1%	−18.2%	−18.7%	−20.5%	−21.4%	−22.1%
扣除外部因素变化后交通流量的下降	−21.4%	−20.9%	−20.7%	−21.9%	−21.7%	−22.3%	—	—

注：交通拥堵收费时间为工作日早6时至晚7时。第二行为与反拟法理论对比的下降幅度，其中外部因素保持稳定（无2012—2013年计算数据）。2006a指2006年1—7月拥堵收费政策试点期间，2007b指重新收费前2007年1—8月15日外的其他时间。

---

❶ 能源基金会. 拥堵费和低排放区国际最佳经验[EB/OL]. [2024-12-24]. https://www.efchina.org/Attachments/Report/reports-20140812-zh.

韩国首尔每年道路交通量减少了3.7%，二氧化碳排放量减少了10%，燃料成本节省了5000万美元。

在首尔"每周无车驾驶日"激励计划中，公众可以自愿参加，每周选择一天作为非驾驶日，公共组织和私营公司为参与者提供激励措施，如汽油折扣、拥堵费折扣、公共停车费折扣和免费洗车等[1]。

该计划实现了改善空气质量、道路拥堵和节能的目标——首尔每年道路交通量减少了3.7%，二氧化碳排放量减少了10%，燃料成本节省了5000万美元。

相比之下，虽然我国每年9月22日的"无车日"活动已在北京、上海等城市开展了十多年，但由于一方面"无车日"没有激励措施，另一方面我国公共交通体系尚未实现无缝衔接，难以引导更多人加入"无车日"减排行动中。

借鉴首尔"每周无车驾驶日"激励计划的经验，建议我国城市在不断完善城市交通体系建设的同时，鼓励市民自由选择加入，并提供激励措施，从而达到交通减碳的目的。

世宗大路（光化门—首尔广场）"无车街道"活动
来源：https://chinese.seoul.go.kr/无车出行吧！9月16日为首尔无车日

---

[1] https://kojects.com/2013/06/04/how-to-reduce-co2-emissions-by-10-in-seoul.

建　筑

　　"翡翠城市"原则中的绿色建筑是城市能源消费的一个大领域，也是造成直接
和间接碳排放的主要责任领域之一。建筑主要的碳排放活动量水平是建筑的总量面
积规模、建筑能耗水平和能源结构，通过控制或管理建筑面积、建筑功能、建筑能
耗结构、建筑能耗量、废弃物量、废弃物能耗/排放量、供水/排水量、水资源能耗
量、污水量、污水能耗/排放量可以产生减碳排放量效应。

城市碳排放活动量			
建筑运行 建筑面积	建筑功能	建筑能耗结构	建筑能耗量
交通 出行量	出行方式/距离	出行燃料结构	出行燃料量
废弃物 废弃物量	废弃物回收/处理方式/量	废弃物不同方式处理能耗/排放量	废弃物能耗/排放量
水资源 供水/排水量	供水/排水处理方式	市政水/中水/雨水处理能耗	水资源能耗量
污水量	污水处理方式	污水处理能耗	污水能耗/排放量
道路设施 公共设施面积	道路路灯数量	公共设施与路灯能耗结构	公共设施与路灯能耗量
绿地空间 绿地空间面积	城市绿地类别	城市绿地植被结构	城市绿地植被固碳量
可再生能源 可再生能源生产量	可再生能源类别	可再生能源使用量	可再生能源替代碳排放量

"翡翠城市+"低碳建筑目标与措施可以影响的城市碳排放活动量

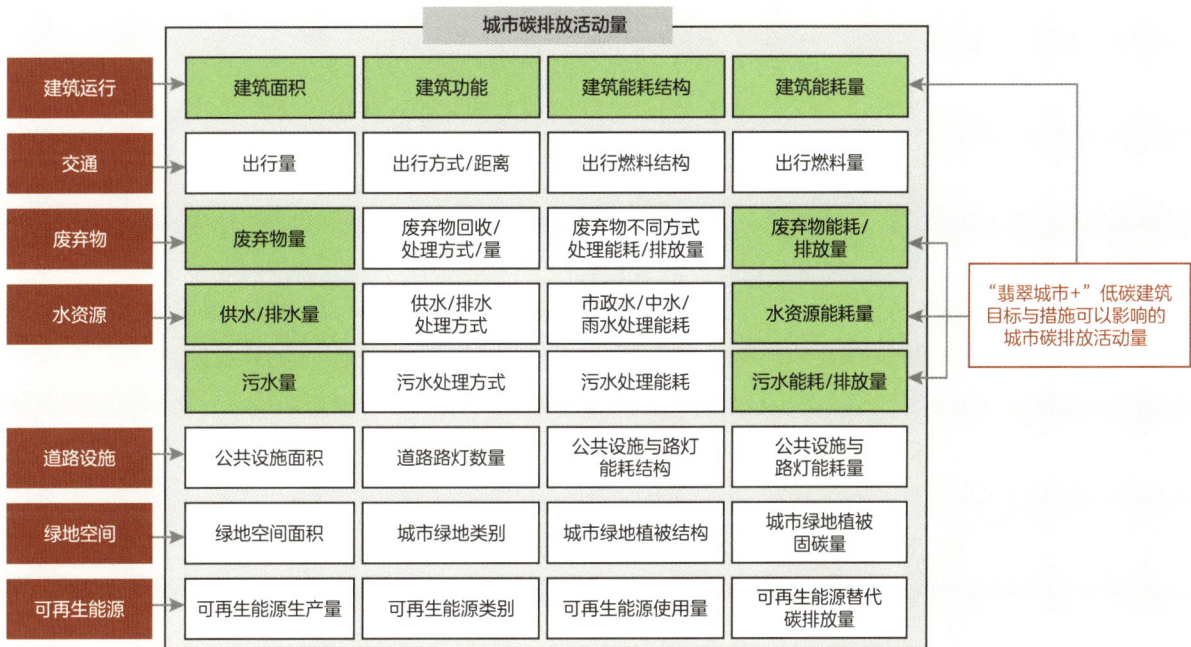

绿色建筑目标与碳排放量核算的活动量关系

　　以下部分将阐述《翡翠城市：面向中国智慧绿色发展的规划指南》一书中的3个目标和相关措施。本部分丰富了迈向零碳建筑路径上的规划设计手段，并解读有关定量核算减排效应，最后以相关研究和案例，进一步说明这些原则、目标和措施具体如何应用在实际分析工作中。

第11章

绿色建筑

执行最佳实践，减少建成环境对自然环境和人类健康的影响

11.1 原理

"绿色建筑已成为全世界城市开发的新方向。为便于推广绿色建筑，保证新建与原有绿色建筑的性能，各国第三方认证机构制定了多个绿色建筑评价体系"[1]。按照《绿色建筑评价标准》GB/T 50378—2019（2024年版），绿色建筑划分为四个等级：基本级、一星级、二星级、三星级。获得评级的难度逐渐提升。所有等级的绿色建筑均需满足《绿色建筑评价标准》中所有控制项的要求，且每类指标的评分项得分不应小于其评分项满分值的30%。绿色建筑评价指标体系由以下五类指标组成：安全耐久、健康舒适、生活便利、资源节约、环境宜居。每类指标均包括控制项和评分项，并设有加分项。控制项评定结果应为达标或不达标；评分项和加分项的评定结果应为分值。

全球零碳城市典范——瑞典哈马碧生态城

---

[1] 卡尔索普事务所，宇恒可持续交通研究中心，高觅工程顾问公司. 翡翠城市：面向中国智慧绿色发展的规划指南[M]. 北京：中国建筑工业出版社，2017.

有哪些关于低碳建筑、零碳建筑的政策文件？

随着建筑节能技术的全面发展和应对气候变化工作的进一步加强，在执行强制性节能标准的基础上，政府对建筑节能又提出了更高的要求，引入了零碳建筑、低碳建筑、零碳社区等概念。零碳建筑同零能耗建筑相比更强调建筑对环境的影响，对建筑的整体碳排放要求更明确，是建筑领域实现碳中和的重要技术手段。与此同时，零碳社区、零碳城区等概念也逐渐受到重视。

近年来，《中华人民共和国国民经济和社会发展第十四个五年规划和2035年远景目标纲要》《中共中央 国务院关于完整准确全面贯彻新发展理念做好碳达峰碳中和工作的意见》《2030年前碳达峰行动方案》《关于推动城乡建设绿色发展的意见》《减污降碳协同增效实施方案》《城乡建设领域碳达峰实施方案》《"十四五"建筑节能与绿色建筑发展规划》等文件相继发布，提出推动低碳建筑规模化发展，鼓励建设零碳建筑和近零能耗建筑，制定完善零碳建筑标准。

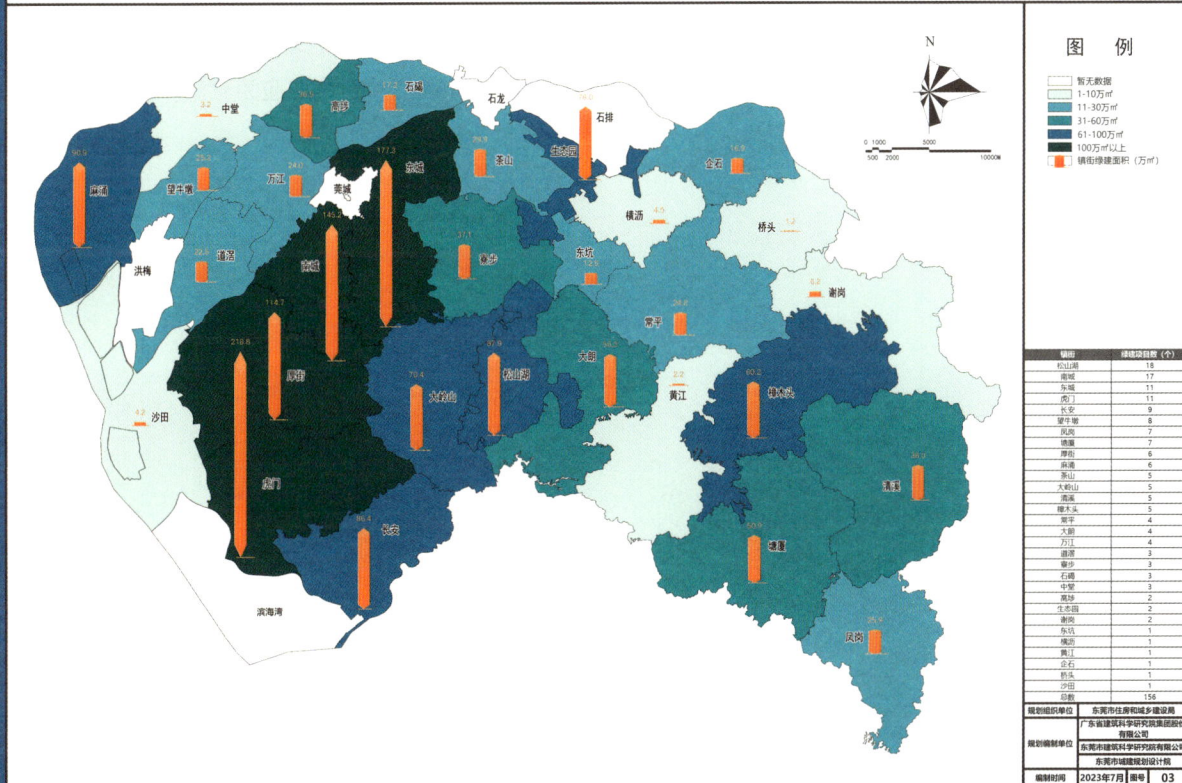

东莞市各镇街绿色建筑面积项目数统计图
来源：《东莞市绿色建筑发展专项规划（2023—2035年）》
　　　https://zjj.dg.gov.cn/gkmlpt/content/4/4094/post_4094739.html#796.

建筑领域的碳减排手段包括降低建筑本体能源需求、消除建筑直接排放、提升可再生能源应用比例三大类技术方向，从而达到低碳，甚至零碳排放的目的。

降低建筑本体能源需求

建筑运行阶段产生的二氧化碳排放主要由能源活动产生，通过建筑被动式设计、高性能主动式能源系统，可大幅减少建筑的电力及热力需求。我国电力与热力系统目前均以燃煤为主，通过建筑节能最大程度可减少60%~75%的化石能源消耗，从而降低建筑运行阶段的碳排放强度。

消除建筑直接排放

消除直接排放，提升建筑电气化是实现零碳排放的必然选择。由分散供暖产生的直接排放主要来自北方农村地区的散煤燃烧供暖；由生活热水用能产生的直接排放主要来自户式燃气热水器的使用。

采用电动热泵供暖及制备热水以实现"气改电"，能够降低碳排放量和运行费用。

提升可再生能源应用比例

对于位于资源禀赋较好地区的建筑，可通过安装建筑光伏系统，替代建筑对电网的电力需求，从而实现零碳排放目标。对于具有可再生能源利用潜力的单体建筑，应首先实现最大程度地降低建筑用能需求以及消除化石能源利用，成为准零碳建筑，随着电网清洁化程度的不断提升而实现终端用能侧与能源生产侧的协同脱碳。

对于单体建筑，可以采用"被动优先、主动优化、可再生能源替代"的方式实现零碳排放。从建筑领域来看，大量既有建筑无法依靠自身实现单体建筑的零碳排放，且当前经济发展水平下，全民推广零碳建筑的难度较高，因此本书分别提出了适用于单体建筑的零碳建筑标准体系与一系列适用于建筑领域迈向零碳排放的技术措施。

《绿色建筑评价标准》修订了哪些内容？

2024年6月《绿色建筑评价标准》GB/T 50378—2019进行了局部修订，于2024年10月1日起实施。本次局部修订共涉及56条，主要内容包括以下三个方面：

1. 与现行强制性工程建设规范相协调

- 在各章节的控制项中新增了现行强制性工程建设规范；
- 将强制性规范的限值要求作为性能指标提升

的基准；
- 删除了强制性规范已有要求的得分条款。

2. 强化绿色建筑的碳减排性能要求

- 全寿命期建筑碳计算和碳减排成为所有星级绿建评价的前置条件；
- 在局部修订版的基本规定中，新增"明确全寿命期建筑碳排放强度，并明确降低碳排放强度的技术措施"及绿色建材应用的要求。

新增碳减排得分的技术措施。与《建筑节能与可再生能源利用通用规范》GB 55015要求的运行碳排放计算相比，计算范围扩大至全寿命期；

- 提高了碳减排技术措施的评价分值。

3. 优化实施效果，与现行相关标准进行协调

- 优化部分条文的评分方式；
- 注重绿色技术措施实施效果；
- 根据相关现行标准调整部分条文的评价技术指标和文字表述。

面对国家提出的"双碳"目标，从过去长期工作经验来看，建筑领域标准的提升对行业影响最为广泛。因此，要加速构建零碳建筑技术标准体系，提出相关计算方法，规范零碳建筑定义、计算边界、评价指标，引导建筑节能减碳，增强建筑相关企业对碳排放量核算、核查的意识，为未来建筑参与碳排放交易、预测建筑领域中长期碳排放、开展国际比对等工作提供技术支持。

低碳建筑、净零碳建筑和零碳建筑都属于绿色建筑。

零碳建筑与净零碳建筑的定义

零碳建筑在国外被称为净零碳建筑（Net Zero Carbon Buildings，ZCB）[1]。"零"代表建筑不产生任

何碳排放；"净零"表示建筑可以产生一定量的碳排放，但通过其他不同手段抵消这部分碳排放。

国内对零碳建筑的定义是碳排放量为零的建筑物，可以在不消耗化石能源的同时由物理边界内的可再生能源作为整栋建筑的能量供给来源。但是在现阶段建筑设计技术手段和我国的中高密度城市建设条件下，要实现大面积建筑在场地内严格符合以上定义较为困难。

因此，借鉴零能耗建筑的分类，可以将零碳建筑分为狭义和广义两种。狭义上的零碳建筑需要严格按照定义，独立于电网运行，且所有消耗的能源由场地内提供；广义上的零碳建筑可以并入电网，但需保证所购入的电力无碳化或使用可再生能源生产的电力。

《零碳建筑技术标准（征求意见稿）》对零碳建筑相关定义作了哪些具体要求？

《零碳建筑技术标准（征求意见稿）》（以下简称《标准》）于2023年7月公布。目的为实现国家2030年前碳达峰、2060年前碳中和目标，降低建

筑用能需求，提高能源利用效率，营造健康舒适的建筑室内环境，发展可再生能源和零碳能源建筑应用，引导建筑和以建筑为主要碳排放的区域逐步实

---

[1] 裘黎红，周萍. 净零碳——绿色建筑未来核心国际高峰论坛在西安召开［J］. 建筑设计管理，2019，36（3）：6-8.

现低碳、近零碳、零碳排放。标准适用于新建与既有改造的低碳、近零碳、零碳建筑与区域的设计、建造、运行和判定。

《标准》对相关的定义作出了说明：

- 低碳建筑（Low Carbon Building）：适应气候特征与场地条件，在满足室内环境参数的基础上，通过优化建筑设计降低建筑用能需求，提高能源设备与系统效率，充分利用可再生能源和建筑蓄能，符合相关规定的建筑。
- 近零碳建筑（Nearly Zero Carbon Building）：适应气候特征与场地条件，在满足室内环境参数的基础上，通过优化建筑设计降低建筑用能需求，提高能源设备与系统效率，充分利用可再生能源和建筑蓄能，符合相关规定的建筑。
- 零碳建筑（Zero Carbon Building）：适应气候特征与场地条件，在满足室内环境参数的基础上，通过优化建筑设计降低建筑用能需求，提高能源设备与系统效率，充分利用可再生能源和建筑蓄能，在实现近零碳建筑基础上，可结合碳排放权交易、绿色电力证书（绿证）和绿色电力交易等碳抵消方式，符合相关规定的建筑。

低碳建筑

低碳居住建筑碳排放强度应不高于下表规定的限值。

低碳居住建筑碳排放强度限值〔$kgCO_2/(m^2 \cdot a)$〕

气候区	严寒地区	寒冷地区	夏热冬冷地区	夏热冬暖地区	温和地区
低碳建筑	23	21	21	23	18

低碳公共建筑碳排放指标应满足下列条件之一：

- 建筑降碳率应符合下表的规定。

低碳公共建筑降碳率

气候区	严寒地区	寒冷地区	夏热冬冷地区	夏热冬暖地区	温和地区
建筑降碳率	≥40%	≥35%	≥30%		

- 建筑碳排放强度应不高于下表规定的限值。

低碳公共建筑碳排放强度限值〔kgCO$_2$/（m^2·a）〕

建筑类型 气候区	小型 办公建筑	大型 办公建筑	小型 酒店建筑	大型 酒店建筑	商场建筑	医院建筑— 医技综合楼	学校建筑— 教学楼
严寒	23	25	30	35	65	55	15
寒冷	21	25	30	40	68	55	16
夏热冬冷	21	28	33	43	75	60	20
夏热冬暖	23	30	36	45	85	65	25
温和	18	22	28	30	63	45	13

近零碳建筑

近零碳居住建筑碳排放强度应不高于下表规定的限值。

近零碳居住建筑碳排放强度限值〔kgCO$_2$/（m^2·a）〕

气候区 太阳辐照量等级	严寒地区	寒冷地区	夏热冬冷地区	夏热冬暖地区	温和地区
Ⅰ	14	13	—	—	—
Ⅱ	15	14	—	16	12
Ⅲ	16	16	16	17	13
Ⅳ	—	—	17	—	14

近零碳公共建筑碳排放指标应满足下列条件之一：

- 建筑降碳率应符合下表的规定。

近零碳公共建筑降碳率

气候区	严寒地区	寒冷地区	夏热冬冷地区	夏热冬暖地区	温和地区
建筑降碳率	≥55%	≥50%	≥45%		

- 建筑碳排放强度应不高于下表限值的规定。

近零碳公共建筑碳排放强度 [$kgCO_2/(m^2 \cdot a)$]

气候区	太阳辐照量等级	建筑类型						
		小型办公建筑	大型办公建筑	小型酒店建筑	大型酒店建筑	商场建筑	医院建筑—医技综合楼	学校建筑—教学楼
严寒	I	16	19	20	24	49	40.5	10
	II	17	20	22	25	51	42.5	11
	III	18	21	24	26.5	53.5	44.5	12
寒冷	I	14	18	20	27	51.5	42.5	11
	II	15	19	22	28.5	54	43.5	12
	III	16	20	24	30	56	45	13
夏热冬冷	III	16	23	22	30	61	47	16
	IV	17	24	24	31	63	49	17
夏热冬暖	II	16	24	27	33	69	50	20
	III	17	25	29	35	70	52	21
温和	II	12	18	18	22	49.5	35	9
	III	13	18	19	23	52	37	10
	IV	14	18	21	25	54	38	11

零碳建筑

零碳建筑的碳排放强度经碳抵消后的年碳排放总量应不大于零，且应符合下列规定：

- 除单体建筑面积大于40000m²或高度大于100m的建筑外，其他建筑碳抵消比例不超过基准建筑碳排放量的30%。
- 单体建筑面积大于40000m²或高度大于100m的建筑，碳抵消比例不超过基准建筑碳排放量的40%，并组织专家对其降碳方案进行专项论证。

全过程零碳建筑可采取碳抵消措施，建筑隐含碳排放量不应高于350kgCO₂/m²；建筑全过程碳排放量小于等于零。

（来源：《零碳建筑技术标准（征求意见稿）》）

碳排放控制指标

发展零碳建筑需要建立相关的碳排放控制指标。相关研究系统分析了《公共建筑节能设计标准》GB 50189—2015、《建筑节能与可再生能源利用通用规范》GB 55015—2021、《近零能耗建筑技术标准》GB/T 51350—2019之间相对节能比例、运行参数、能耗限值的联系，并在此基础上对提升建筑能效和提升可再生能源应用对公共建筑减碳的量化影响进行了研究，进而提出了低碳、近零碳、零碳公共建筑分级控制指标约束方法与数值建议[1]。

- **提升建筑能效至超低能耗建筑能效水平**：可使得各气候区、各类公共建筑碳排放强度较基准建筑下降30%～40%以上；若在建筑达到近零能耗建筑能效指标的基础上进一步增加建筑可再生能源应用，相对于基准建筑的减碳率可再增加15%；

- **以实现零碳排放为目标值**：以《建筑节能与可再生能源利用通用规范》中各类公共建筑全口径碳排放[2]强度为基准值，以实现零碳排放为目标值，将公共建筑碳排放分为低碳、近零碳、零碳三级进行引导，采用相对减碳率或碳排放强度绝对值进行约束，则不同气候区低碳建筑相对减碳率建议为30%～40%，近零碳建筑相对减碳率建议为45%～55%。

- **建立碳排放绝对值从严要求的原则**：可对太阳能资源进行划分，分别给出不同气候区、不同太阳能资源分区下各类建筑的碳排放强度。以小型办公建筑为例，严寒地区近零碳建筑从太阳能资源丰富到最丰富地区相对于基准建筑的综合减碳率为55%～59%，相差5%，而绝对值为14～17kgCO$_2$/（m^2·a），相差约18%。因此，按照碳排放绝对值指标从严要求的原则，可从建筑类型、气候区、太阳能资源分区分别进行赋值。

低碳、近零碳、零碳办公建筑碳排放绝对值控制指标建议

（以小型办公建筑为例）［kgCO$_2$/（m^2·a）］

气候区	太阳能资源等级	严寒地区	寒冷地区	夏热冬冷地区	夏热冬暖地区	温和地区
低碳建筑	—	22	21	21	22	18
近零碳建筑	一般	—	—	17	17	14
	丰富	17	15	16	15	13
	很丰富	16	14	—	—	11
	最丰富	14	13	—	—	—
零碳建筑	碳排放量为0，且碳交易比例不大于基准建筑碳排放的30%或40%					

---

❶ 张时聪，王珂，徐伟. 低碳、近零碳、零碳公共建筑碳排放控制指标研究[J]. 建筑科学，2023（2）：2-10.

❷ 全口径碳排放计算：以现行国家标准为依据，计算各类建筑包含供暖、通风、空调、照明、生活热水、电梯、插座和炊事用能引起的全部碳排放，其中供暖、通风、空调、照明能耗数据取自国家标准，其能效指标均根据标准编制过程中的能耗模拟数据所得。

11.2 规划设计目标与措施

绿色建筑包括5个目标、9个措施，通过这些措施可以从降低建筑本体能源需求、消除建筑直接排放、提升可再生能源应用比例方面，达到低碳甚至零碳排放的目的。

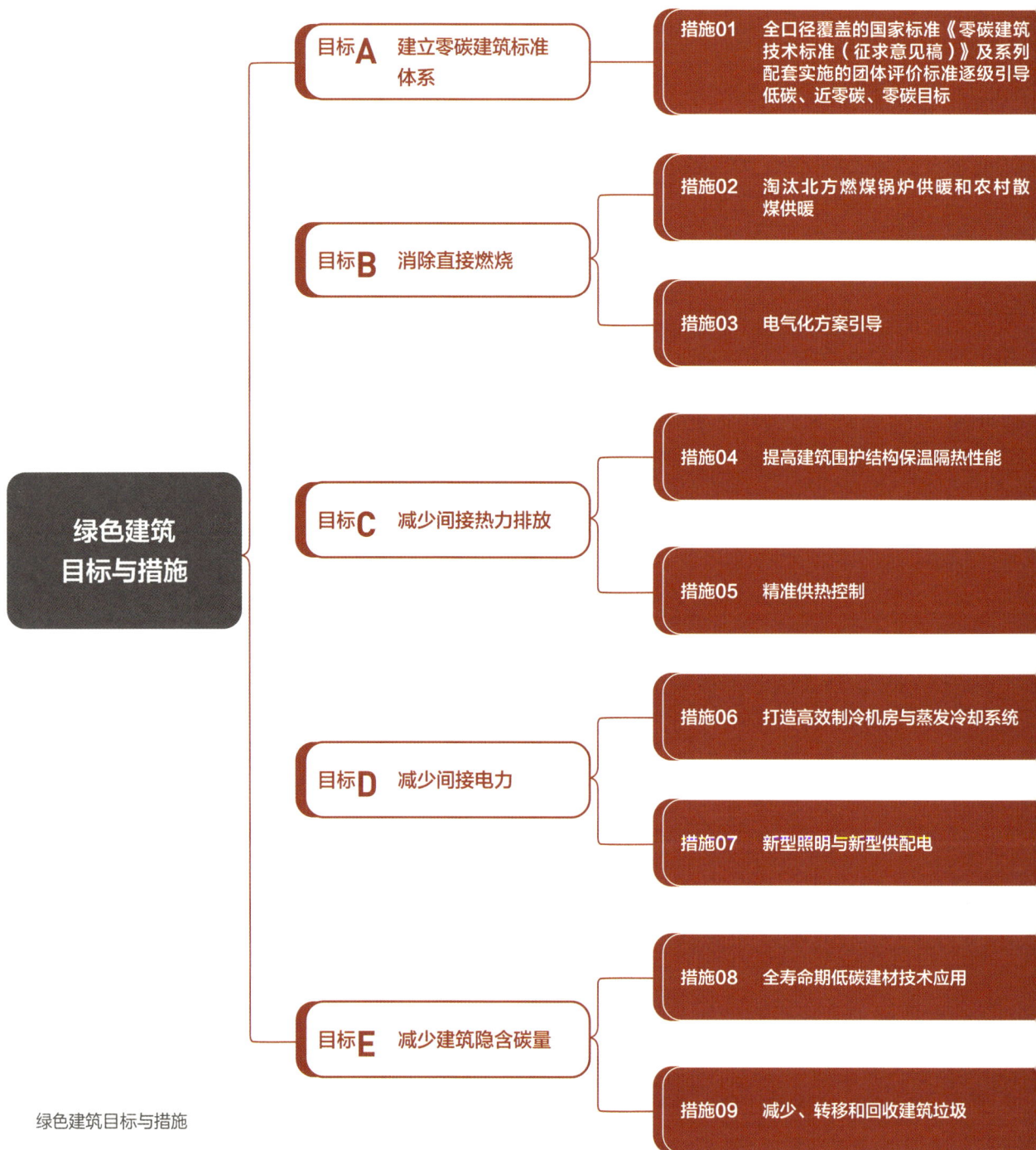

	绿色建筑目标与措施	
目标A	建立零碳建筑标准体系	措施01 全口径覆盖的国家标准《零碳建筑技术标准（征求意见稿）》及系列配套实施的团体评价标准逐级引导低碳、近零碳、零碳目标
目标B	消除直接燃烧	措施02 淘汰北方燃煤锅炉供暖和农村散煤供暖
		措施03 电气化方案引导
目标C	减少间接热力排放	措施04 提高建筑围护结构保温隔热性能
		措施05 精准供热控制
目标D	减少间接电力	措施06 打造高效制冷机房与蒸发冷却系统
		措施07 新型照明与新型供配电
目标E	减少建筑隐含碳量	措施08 全寿命期低碳建材技术应用
		措施09 减少、转移和回收建筑垃圾

绿色建筑目标与措施

◎ 《零碳建筑技术标准（征求意见稿）》以现行强制性节能标准《建筑节能与可再生能源利用通用规范》GB 55015—2021同类建筑碳排放作为基准。

◎ 通过编制《零碳建筑评价标准》《零碳园区评价标准》《零碳校园评价标准》等，形成国家标准与团体标准配套约束的标准体系。

◎ 将建筑碳排放分为低碳、近零碳、零碳三级进行目标引导，在技术可行的前提下对不同等级目标的实现难度进行划分。

◎ 调整北方供暖系统用能结构，逐步减少燃煤锅炉，到2060年供暖能源主要是电力和可再生能源，少部分结合电力系统中调峰锅炉。

◎ 除极寒冷地区，我国绝大多数地区都可以采用分散的空气源热泵供暖代替分户壁挂燃气炉和分户燃煤供暖。

◎ 建议采用0.5kgCO$_2$/m^{2}作为5～7年内建筑设计的电力排放因子取值，引导建筑方案的电气化设计，全寿命期碳排放降低30%以上。

◎ 对于电力排放因子较低的地区，或电力需求完全由绿色电力供应的建筑，可优先推广炊事电气化。

◎ 外墙在建筑外围护结构中所占面积最大，提高外墙保温隔热性能对降低建筑能耗与使用阶段碳排放具有重要作用。

◎ 采用高性能保温外窗能够提升围护结构的减碳效果，与非透光围护结构共同促进建筑本体性能的提升。

◎ 建筑围护结构气密层应连续包围外围护结构。通过建筑气密性设计提高整体气密性，可以显著减少全年供暖总能耗和峰值能耗。

◎ 通过智慧供热平台建设，精准供热、按需送热，强化供热台账精细管理、供热运行实时监测，达到节能降耗的目的。

◎ 高效空调制冷机房通过优化设计参数、选用高效设备、低阻力输配系统、高效智能的能耗能效监控系统、高质量的调试及运行维护，使机房系统能效比达5.0以上，实现节能40%以上。

◎ 利用自然冷源降低空调能耗。间接蒸发冷却需最大化利用自然冷源，功耗相比冷冻水方案降低50%以上，节水40%以上。

◎ 推广高效照明，能够降低照明用电量0.2064万亿度电，存在1.17亿tCO$_2$的减排空间。

◎ 推广以"光储直柔"为系统的新型建筑电力系统，可以实现用电需求灵活可调，适应光伏发电大比例接入，使建筑供配电系统简单化、高效化，提高电能利用率。

◎ 以绿色、耐久、可核查和本地化为原则选择低碳建筑材料，根据使用功能、外观要求，优化选取碳排放量小的围护结构方案。

◎ 重点关注低碳水泥、高性能混凝土、功能复合墙体材料、节能玻璃和门窗系统长寿命生态屋面材料等，尤其应注意建筑材料的可追溯性，优先选用具有绿色建材标识（或认证）或具有明确碳足迹标签的材料和部品，以支撑建筑全寿命期的定量碳核查。

◎ 废旧建筑材料回收再利用，应分别从废旧钢材、废旧木材以及废旧玻璃三大主要废旧建筑材料的回收再利用入手。

11.3 减碳效益分析

本章主要讨论两部分内容，包括建筑全生命周期的碳排放量核算以及绿地碳汇、可再生能源发电与绿色电力证书，其中建筑全生命周期的碳排放量核算分为建材生产阶段碳排放计算、建造施工阶段碳排放计算、运行试用阶段碳排放计算、拆除处理阶段碳排放计算。

建筑全生命周期的碳排放量核算

建筑的碳排放量核算方法基础目前已有比较统一的理论框架，主要是基于全生命周期理论，将建筑系统分成建材生产、建造施工、运行使用及拆除处理四个阶段，分阶段测算碳减排量[1]。

针对碳排放的能源消耗活动量（AD）及排放因子（EF），用能源消耗量与排放因子的乘积作为该碳排放项的碳排放量值，公式如下：

$$C_{Building} = C_{Pre-construction} + C_{Construction} + C_{Operation} + C_{Decommission}$$

式中：$C_{Building}$ ——建筑全生命周期碳排放总量，单位：$kgCO_2$；

$C_{Pre-construction}$ ——建材生产阶段碳排放量，单位：$kgCO_2$；

$C_{Construction}$ ——建造施工阶段碳排放量，单位：$kgCO_2$；

$C_{Operation}$ ——运行使用阶段碳排放量，单位：$kgCO_2$；

$C_{Decommission}$ ——拆除处理阶段碳排放量，单位：$kgCO_2$。

建材生产阶段碳排放计算

主要包括原材料的开采、运输、生产和加工过程产生的碳排放。建筑材料种类繁多，可以先选取金额占比大的建筑材料作为统计计算对象，如钢材、混凝土、砌块、水泥、砂浆等。

建造施工阶段碳排放计算

主要包括建材运输、施工耗能产生的碳排放。材料运输过程的碳排放主要与运距、运量及运输方式有关。施工建造过程的碳排放与施工方式、机械和使用的能源种类有关，包括施工建造过程消耗柴油、汽油、电等能源种类。

运行使用阶段碳排放计算

主要包括水、电、天然气等化石能源消耗所带来的碳排放。不同的气候区域、城市或地理空间条件下建筑的运行阶段耗能都有所差异。可以根据适用于当地的相关建筑设计标准或绿色建筑设计要求作为估算基础，在运营阶段就需要收集具体实际能耗数据作为水、电以及天然气等化石能源消耗所带来的碳排放量核算数据。

拆除处理阶段碳排放计算

主要包括拆除施工过程、建筑垃圾运输和建筑废物处理时所产生的碳排放。并可以考虑计入绿地碳汇作用对建筑全生命周期碳排放的贡献。可参考相关研究并通过实际调查统计整理数据。

---

❶ 钟永康. 建筑全生命周期理论下温和地区零碳办公建筑可行性研究[J]. 文山学院学报，2023，36（2）：79-82.

$$C = C_{\text{Building}} - C_{\text{Green area}} - C_{\text{Renewable energy}} - C_{\text{REC}}$$

建筑全生命周期碳计算可以同时考虑探索绿地碳汇作用（碳清除）、可再生能源发电/绿电（替代能源）、购买绿色电力证书等作为抵消建筑系统全生命周期碳排放量的途径，计算公式如下：

式中：$C_{\text{Green area}}$——建筑项目范围内绿地系统的固碳量，单位：kgCO_2；

$C_{\text{Renewable energy}}$——可再生能源发电替代化石能源的排碳量，单位：$\text{kgCO}_2$；

C_{REC}——购买绿色电力证书的替代化石能源的排碳量，单位：kgCO_2。

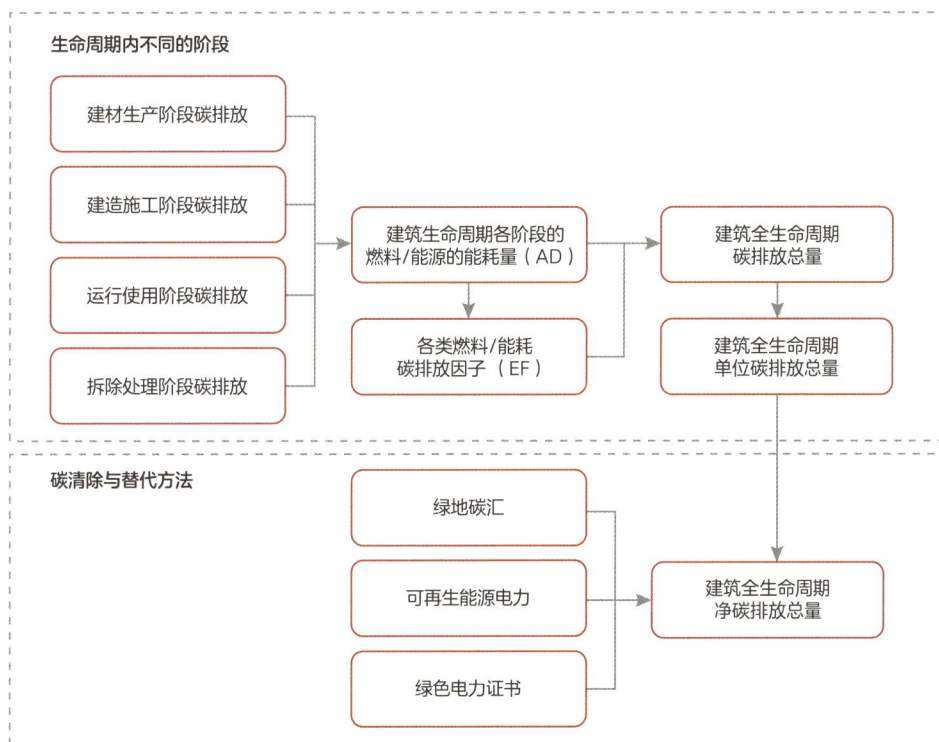

建筑全生命周期碳排放量核算技术路线

11.4 参考研究与案例

本节深度剖析国内近零能耗示范建筑实例，同时全面梳理建筑全生命周期不同阶段碳排放量计算案例。深入探讨绿色建筑规划设计策略，并细致分析其减碳效益，量化展示各项措施对降低碳排放的贡献。旨在为绿色建筑规划设计领域的从业者、研究者提供创新思路与实践参考。

案例11A
中国建筑科学研究院光电示范建筑单位建筑减碳分析

中国建筑科学研究院光电示范建筑单位建筑面积年发电量67（kW·h）/m²，满足建筑自身用能后净产能量可达20%。

中国建筑科学研究院光电示范建筑建于20世纪70年代，为既有办公建筑，建筑面积超过3000m²，以建筑与光伏深度融合、净零能耗、净零碳排放为目标，从传承历史文化、展现现代绿色技术的设计理念出发，将建筑与光伏有机融合，开展多类型建筑光伏一体化技术综合实验，探索"光储直柔"新技术，示范太阳能零碳建筑技术路径。

示范建筑安装光伏系统1500m²，总装机容量235kW，设置不同朝向、不同立面光伏发电系统，开展晶硅与薄膜组件发电性能对比实验，预计单位建筑面积年发电量67（kW·h）/m²，满足建筑自身用能后净产能量可达20%，在同类建筑中达到领先水平，实现建筑由用能迈向产能，引领中国建筑零碳技术新发展[1]。

光电示范建筑开启建筑产能新时代

---

[1] https://www.vkhvacr.com/detail/42764.html.

案例11B
雄安城市计算中心近零能耗建筑设计能耗及碳排放

雄安城市计算中心近零能耗建筑设计能耗及碳排放相比现行国家相关节能标准降低60%以上，设计供暖、空调及照明能耗相比普通建筑节能85%以上。

雄安城市计算中心位于雄安新区容东片区西侧。规划总占地面积约3万m²，总建筑面积39851m²。项目主要朝向为东向，考虑到相关规划要求和近零能耗建筑定位，设计为半地下建筑，覆土屋面，整体体形系数为0.12，分为地下1层、地上3层，地下建筑面积25443m²，地上建筑面积14408m²。建筑地下一层为数据中心的主机房和辅助区；地上一层为机房生态大厅、超算机房展厅等；二、三层为监控室（ECC控制室）和办公、展览区域。地下机房区域人员活动不频繁，因此项目的近零能耗区域仅包括地上区域。近零能耗区域面积12560m²。其中生态大厅为一个高大空间，贯通地上建筑的一到三层空间，为实现近零能耗的重点区域[1]。

涉及的设计重点内容包括：

- 以能耗目标和室内环境目标为导向，基于项目特点的围护结构指标参数确定；
- 生态大厅高大空间节能设计，不同使用场景下室内环境保障和自然通风、机械通风气流组织优化；

- 大跨度钢结构屋面气密性和热桥节点特殊设计；
- 针对数据中心类建筑的能源系统节能设计；
- 不同功能空间的室内末端优化设计。

根据关键指标敏感性分析结果，优化建筑整体指标参数包括：外墙传热系数、屋面传热系数、楼地面热阻、东西侧幕墙外窗传热系数、天窗传热系数、新风热回收效率。需考虑建筑东侧外廊的结构性遮阳、西侧幕墙遮阳、天窗遮阳，多种能源形式的可能性以及可再生能源的利用等。

该中心作为雄安新区的智慧大脑，承担着城市计算及灾害处理等重大任务，将通过"边云超"一体化超算能力服务于整个城市，项目定位为"雄安数字城市之眼、雄安智能城市之脑、雄安生态城市之芯"。经过计算可得数据中心能源效率指标PUE值不高于1.09，建筑设计能耗及碳排放相比现行国家相关节能标准降低60%以上，设计供暖、空调及照明能耗相比普通建筑节能85%以上，达到国际领先水平。

---

[1] 吴剑林，于震，李怀，等. 雄安城市计算中心非机房区域近零能耗建筑性能化设计[J]. 建筑科学，2023（1）：58-67.

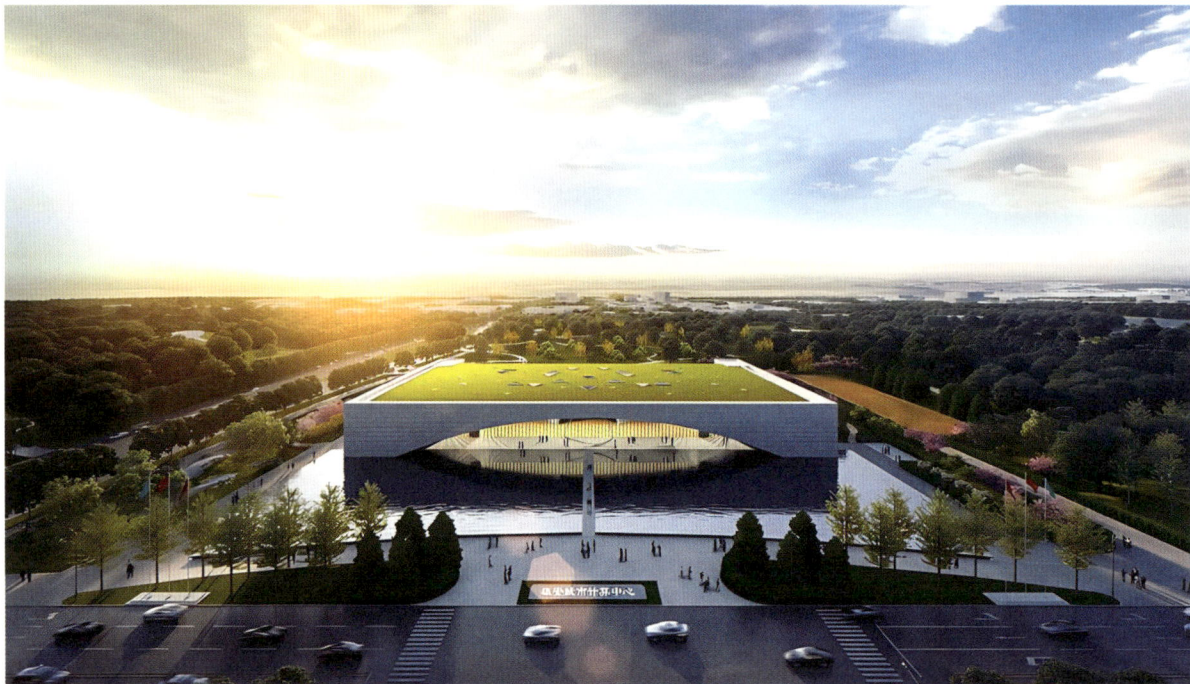

雄安城市计算中心鸟瞰图

案例11C
海南省淇水湾旅游度假综合体改造升级后实现清洁能源发电

海南省淇水湾旅游度假综合体项目改造升级后预计每年可以减少530t二氧化碳排放。

淇水湾旅游度假综合体位于文昌市龙楼镇，总建筑面积2.24万m²，由国际会展中心、办公楼等组成，建筑规划设计时就已充分考虑场地条件、建筑形态、朝向等因素，并融入了绿色、智能、健康的建筑技术。

2023年5月，中国绿发文昌公司联合中国建筑科学研究院对该综合体进行节能减碳技术改造，系统性整合被动式节能技术、主动式节能技术、可再生能源设备设施、智慧运维管理系统等，打造零碳建筑亮点示范和样板工程。

项目改造升级后每年可实现清洁能源发电量约91万kW·h，在满足项目自身全部用电后，还可实现上网12.89万kW·h，预计每年可减少530t二氧化碳排放、112t标准煤的燃烧。该项目是海南省首个"BRE净零碳""零能耗"建筑认证项目，对海南省建设国家生态文明示范区和推广零碳示范区建设起到重要示范作用，成果达到国际领先水平[1]。

该项目的投入运行标志着海南省"双碳"领域开发技术研究取得重大突破，是响应《海南省碳达峰实施方案》城乡建设重点任务、推动文昌市等地创建一批低碳建筑试点的有力支撑。

---

❶ https://finance.sina.com.cn/jjxw/2023-04-28/doc-imyrxrft4028525.shtml.

海南省淇水湾旅游度假综合体

案例11D
山西省首个近零能耗示范建筑减碳效果

山西省首个近零能耗示范建筑建筑综合节能率可以达到62%。

新源智慧建设运行总部A座位于山西转型综合改革示范区潇河产业园区太原起步区中心区，建筑面积14353m²，于2021年6月顺利完工并入驻，是山西省首个近零能耗示范项目。该建筑地上5层、地下2层，外观造型充满未来元素，集纳了光伏发电、隔热铝合金玻璃幕墙、装配式超低能耗外墙创新系统、连续气密性、被动外窗体系、带热回收功能的通风系统、中深层无干扰地热系统等十余项高科技节能新技术，建筑综合节能率达到62%，建筑本体节能率为45.52%，可再生能源利用率为29.86%[1]。

该项目集"近零能耗+AAA装配式+绿建三星"于一体，达到国内同气候区近零能耗建筑的领先水平。

❶ https://www.sohu.com/a/675047409_121123888.

新源智慧建设运行总部A座

案例11E
深圳国际低碳城会展中心——国内首个投入运行的近零能耗建筑典范

深圳国际低碳城会展中心单位建筑面积碳排放强度较《深圳市近零碳排放区试点建设实施方案》中近零碳排放建筑试点项目的54kgCO$_2$/（m^2·a）的控制目标降低93%。

深圳国际低碳城会展中心总占地面积8.6万m^2，是惠州、东莞等粤港澳大湾区城市联动的重要枢纽，规划确定为深圳市重点发展区域，是龙岗区绿色低碳高质量发展路上的"先行者"。项目采用120多项低碳技术，实现近零碳排放。其中最重要的一项就是采用了"智能分布式光伏解决方案+储能方案+能源管理云"的组合解决方案，是一个用户侧"源网荷储"的典型案例。同时，园区的储能系统也采用了储能电芯级、电池包、电池簇级和储能系统级四重联动安全防护，实现主动预警，保证储能系统的安全。

通过可再生能源利用，项目实现单位建筑面积碳排放强度3.65kgCO$_2$/（m^2·a），较《深圳市近零碳排放区试点建设实施方案》中近零碳排放建筑试点项目54kgCO$_2$/（m^2·a）的控制目标降低了93%；园区人均碳排放量较该方案中650kgCO$_2$/人的控制目标降低了77%，是国内首个投入运行的近零能耗场馆项目[1]。

---

❶ 王骞，于天赤，张时聪，等. 夏热冬暖地区既有公共建筑近零能耗改造实践——以深圳国际低碳城改造项目为例[C]//中国建筑学会. 2022—2023中国建筑学会论文集，2023.

深圳低碳城会展中心
来源：https://www.sohu.com/a/558787531_121124407.

案例11F
云南省文山壮族苗族自治州文山市区某办公建筑

云南省文山壮族苗族自治州文山市区某办公建筑的建筑全生命周期碳排放量为8154.66t，单位建筑面积碳排放量为1102.76kg/m²。

本案例项目基于生命周期理论，以低碳建筑传统研究方法，探索解决现状公共建筑能耗、碳排放量大的办法。以文山市区某办公建筑为例，计算从建材生产到建筑拆除、建材回收的全生命周期各阶段的碳排放量。

该办公建筑占地2107.8m²，共6层，总建筑面积7394.8m²，围护结构参数满足《云南省民用建筑节能设计标准》DBJ 53/T 39—2020要求，绿化用地3085.36m²，绿地率为35.80%，采用乔、灌、草结合的复层绿化形式❶。

---

❶　钟永康. 建筑全生命周期理论下温和地区零碳办公建筑可行性研究[J]. 文山学院学报，2023，36（2）：79-82.

- 建材生产阶段碳排放计算：选取金额占比较大的钢材、混凝土等建筑材料作为统计计算对象。计算出建材生产阶段考虑建材回收后的碳排放量为2650.01t。该阶段碳排放量占比最大的是混凝土，其次为钢材、砂浆和砌块，占比依次为41.1%、26.15%、15.69%、14.53%。
- 建造施工阶段碳排放计算：包括材料运输和施工建造两个过程。其中计算得出材料运输过程碳排放量为319.31t，施工建造过程碳排放量为59.08t，建造施工阶段碳总排放量为378.4t。
- 运行使用阶段碳排放计算：因该建筑位于夏热冬暖地区，且长年可通过自然通风达到室内舒适度要求，参考《民用建筑能耗标准》GB/T 51161—2016，计算得出建筑碳排放量为100.7t，假设使用寿命为50年，则运行使用阶段碳排放量为5035.12t。
- 拆除处理阶段碳排放计算：包括拆除施工以及运输建筑垃圾两个过程。其中拆除施工过程碳排放量取值为施工建造过程的10%，即5.91t，运输建筑垃圾的碳排放85.23t，由此可得拆除处理阶段碳排放量为91.14t。

根据建材生产阶段、建造施工阶段、运行使用阶段以及拆除处理阶段碳排放计算方法，建筑全生命周期碳排放量为8154.67t，而单位建筑面积碳排放为1102.76kg/m^2。

建筑全生命周期碳排放情况

阶段	过程	碳排放量（kg）	合计（kg）	单位面积碳排放（kg/m^2）	占比（%）
建材生产阶段	—	2650011.56	2650011.56	358.36	32.5
建造施工阶段	材料运输过程	319311.45	378395.9	51.17	4.64
	施工建造过程	59084.45			
运行使用阶段	—	5035119.32	5035119.32	680.9	61.75
拆除处理阶段	拆除施工过程	5908.45	91136.53	12.32	1.11
	运输建筑垃圾过程	85228.08			
合计	—	8154663.31	8154663.31	1102.76	100

案例11G
2010—2020年上海市建筑领域建材生产阶段和运行使用阶段对建筑碳排放总量的贡献

上海市不同建筑材料中，钢材的碳排放量占比最高，超过了50%，其次是水泥、铝材。

本案例研究以上海市住宅及非住宅建筑为研究对象，核算出上海市建筑领域碳排放量。对比上海市住宅建筑及非住宅建筑碳排放量，分析上海市建筑碳排放趋势。研究结果表明，2010—2020年，上海市建筑领域碳排放呈增长态势，其中建材生产阶段和运行使用阶段是对建筑碳排放总量贡献最大的两个阶段。从不同建筑材料碳排放量占比来看，钢材占比最高，所占比例超过了50%，其次是水泥、铝材❶。

计算得到2010—2020年上海市住宅建筑运营阶段各能源消耗碳排放持增长态势，并在2020年碳排放量达到峰值，为2047.88万t。2010—2020年非住宅建筑运营阶段碳排放持增长态势，并在2017年碳排放量达到峰值，为3111.68万t。

对上海市住宅和非住宅建筑各生命周期碳排放量进行相加，得到2010—2020年上海市各阶段碳排放量数据。2010—2020年上海市建筑生命周期碳排放总量由2010年的9416万t上升到2020年的14545万t。其中，2011年建筑生命周期碳排放总量最高（18294万t），这是建材生产阶段碳排放显著增长所导致。建材生产和运行使用是建筑碳排放占比最大的两个阶段，远超建筑施工阶段产生的碳排放量。

2010—2020年上海市建筑（住宅及非住宅建筑）生命周期碳排放总量

年份	建材生产阶段	建筑施工阶段	建筑运营阶段	总计
2010	47.76	5.68	40.72	94.16
2011	51.39	5.53	42.06	98.98
2012	57.4	5.54	44.71	107.65
2013	56.5	5.56	46.41	108.47
2014	59.43	5.36	42.09	106.88
2015	51.17	5.71	43.27	100.15
2016	50.53	6.14	48.51	105.18
2017	59.37	6.26	49.5	115.13
2018	67.09	6.19	48.58	121.86
2019	127.92	6.49	48.53	182.94
2020	88.23	6.84	50.38	145.45

---

❶ 黄蓓佳、崔航、宋嘉玲、等. 上海市建筑碳排放核算研究[J]. 上海理工大学学报，2022（4）：343-350.

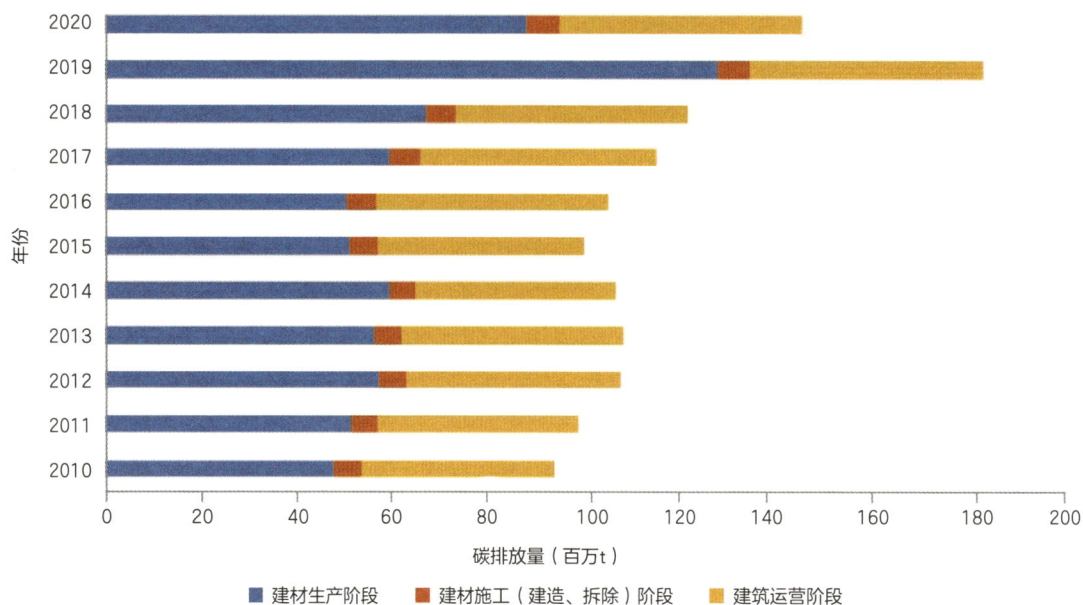

图例：
- 建材生产阶段
- 建材施工（建造、拆除）阶段
- 建筑运营阶段

2010—2020年上海市建筑（住宅和非住宅建筑）生命周期各阶段碳排放量

案例11H
分析33个获得绿色建筑认证项目，计算绿色建筑在整个建筑生命周期中的碳排放量

与全国平均水平比较，绿色公共建筑的平均单位碳排放量比全国平均水平低约41%，而绿色住宅建筑的平均单位碳排放量比全国平均水平低约14%。

本案例研究对获得《绿色建筑评价标准》GB/T 50378—2019（2024年版）的绿色建筑认证项目作出分析，计算绿色建筑在整个建筑生命周期中的碳排放量[1]。

33个绿色建筑项目在生命使用寿命期间内对减少建筑全生命周期的碳排放具有重要作用。

- 与全国平均水平比较，绿色公共建筑的平均单位碳排放量为35.60kgCO_2/（m^2·a），即比全国平均水平60.78kgCO_2/（m^2·a）低41.43%。
- 住宅建筑单位建筑面积的平均碳排放量为24.96kgCO_2/（m^2·a），即比全国平均水平29.02kgCO_2/（m^2·a）低13.99%。

[1] GUO Z, WANG Q, ZHAO N, et al. Carbon emissions from buildings based on a life cycle analysis: carbon reduction measures and effects of green building standards in China[J]. Low-carbon materials and green construction, 2023, 1(11).

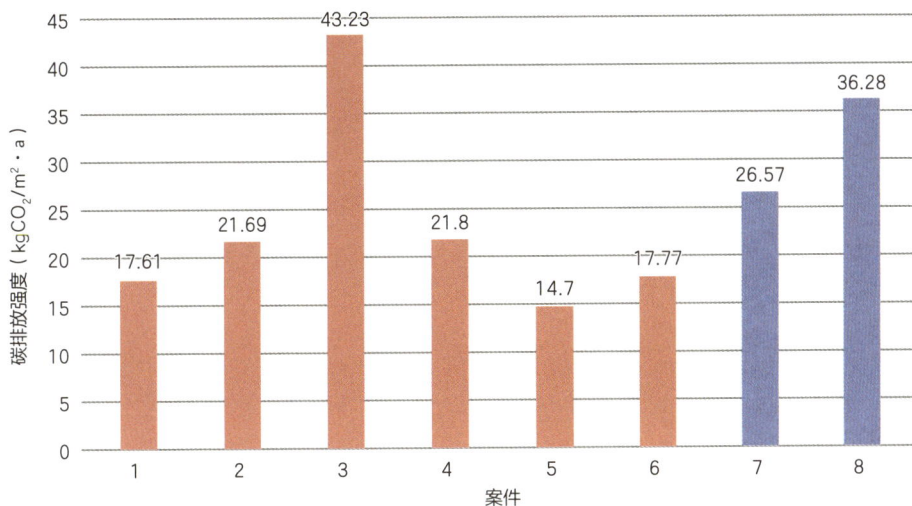

绿色建筑项目的碳排放强度

分析上海和哈尔滨的办公楼和酒店的各种绿色建筑场景的原型模型，核算模拟运营阶段能源使用强度

在考虑所有绿色建筑技术的情况下，办公建筑的总运行碳减排率可达到近19%，酒店的总运行减碳率可达到25%。

本案例研究模拟上海和哈尔滨的办公楼和酒店的各种绿色建筑场景的原型模型，来分析运营阶段能源使用强度。碳排放系数是根据中国建筑行业的能源结构计算。基线是以《绿色建筑评价标准》GB/T 50378—2015的标准设计排放强度。项目模拟是以《绿色建筑评价标准》GB/T 50378—2019（2024年版）的标准为依据[1]。

结果表明对于不同的建筑类型，绿色建筑技术的碳减排潜力排名相似。

- 采光和自然通风等被动技术显著减少了碳

排放，其中，对于办公楼采光可减少约13%的碳排放，对于酒店采光可减少约20%的碳排放。
- 对于办公楼自然通风可减少约8%的碳排放，对于酒店自然通风可减少约12%的碳排放。
- 遮阳技术的适用性与气候区有关。夏热冬冷地区建筑遮阳的碳减排潜力约为12%，是严寒地区的2倍。
- 建筑围护结构的改造和暖通空调设备能效的提高对办公楼和酒店的减排效果分别为3%~4%和6%~8%。

---

❶ LIANG Y, et al. Assessment of operational carbon emission reduction potential of green building technologies[C]. Applied Energy Symposium 2021: Low carbon cities and urban energy systems, 2021.

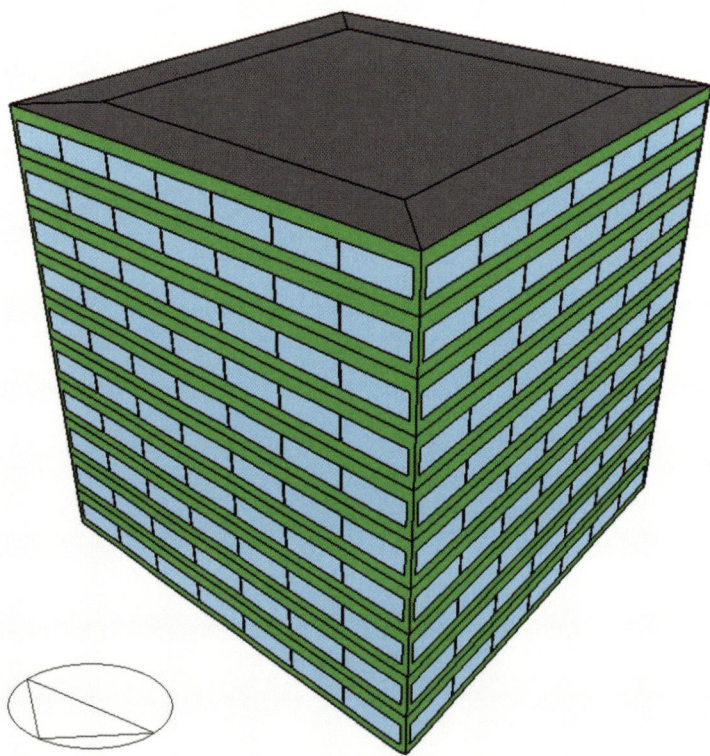

建筑原型模型

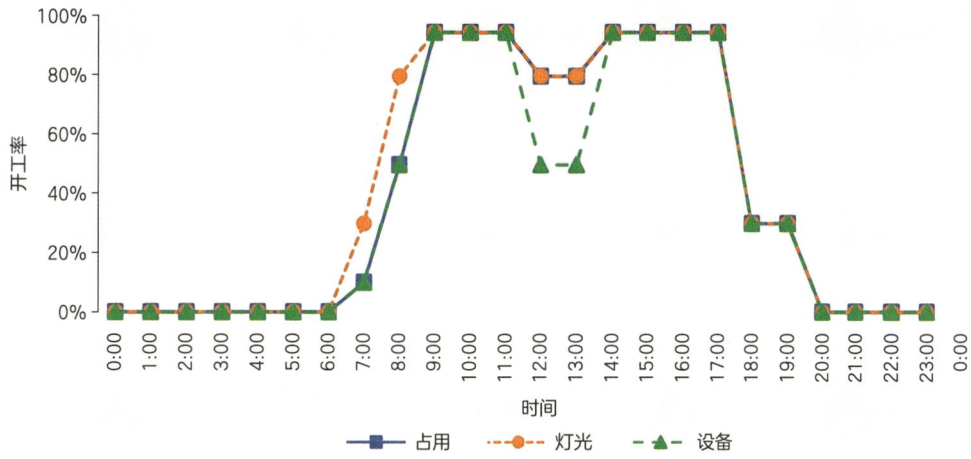

办公楼仿真时间表

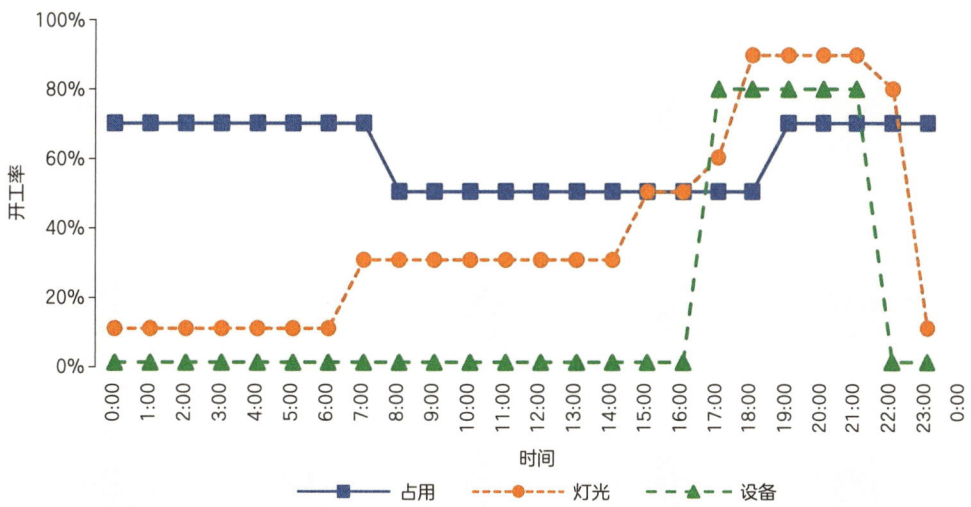

酒店仿真时间表

市政基础设施

　　"翡翠城市"原则中与建设低碳市政基础设施有关的是可持续基础设施，其对城市的减碳效果体现在改变城市碳排放活动量水平，从而产生减碳效益。受影响的城市碳排放活动量主要包括：废弃物量、废弃物回收/处理方式/量、废弃物不同方式处理能耗/排放量、废弃物能耗/排放量、供水/排水量、供水/排水处理方式、市政水/中水/雨水处理能耗、水资源能耗量、污水量、污水处理方式、污水处理能耗、污水能耗/排放量、公共设施面积、道路路灯数量、公共设施与路灯能耗结构、公共设施与路灯能耗量。

城市碳排放活动量			
建筑运行 建筑面积	建筑功能	建筑能耗结构	建筑能耗量
交通 出行量	出行方式/距离	出行燃料结构	出行燃料量
废弃物 废弃物量	废弃物回收/处理方式/量	废弃物不同方式处理能耗/排放量	废弃物能耗/排放量
水资源 供水/排水量	供水/排水处理方式	市政水/中水/雨水处理能耗	水资源能耗量
污水量	污水处理方式	污水处理能耗	污水能耗/排放量
道路设施 公共设施面积	道路路灯数量	公共设施与路灯能耗结构	公共设施与路灯能耗量
绿地空间 绿地空间面积	城市绿地类别	城市绿地植被结构	城市绿地植被固碳量
可再生能源 可再生能源生产量	可再生能源类别	可再生能源使用量	可再生能源替代碳排放量

"翡翠城市+" 低碳市政基础设施目标与措施可以影响的城市碳排放活动量

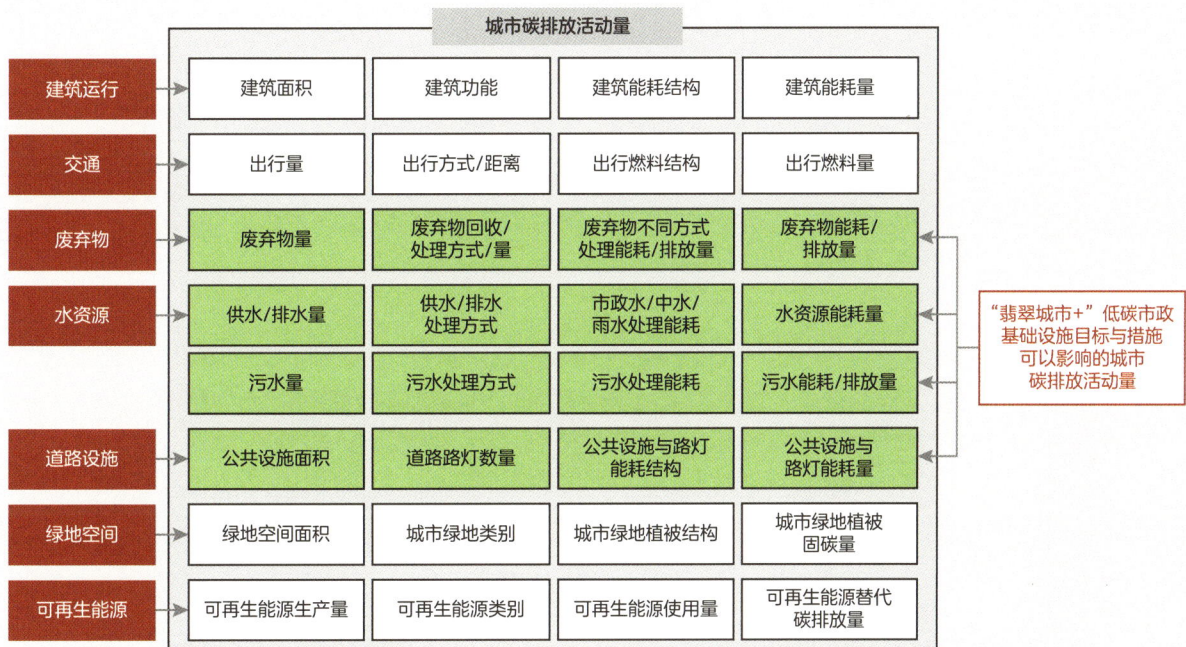

低碳市政基础设施目标与碳排放核算的活动量关系

以下部分将阐述在《翡翠城市：面向中国智慧绿色发展的规划指南》一书中可持续基础设施的目标和有关措施，在此基础上解读有关定量核算的主要考虑内容。最后以相关研究和案例，进一步说明这些原则、目标和措施具体如何应用在实际分析工作中。

第12章

可持续基础设施

通过开发可再生能源、推广资源回收再利用、提高公共基础设施的效率等手段，减少能源消耗、用水量和垃圾数量

12.1 原理

"经过设计、规划和开发的基础设施，可以帮助人类迈向可持续的未来，应对气候变化的挑战。完善和建设经过合理设计的城市基础设施，是保护环境的关键一步。城市基础设施涵盖了能源、水和垃圾管理等多个方面。可持续的城市基础设施有助于保持和改善水质和空气质量、有效管理垃圾、提供便利公共交通、减少私人小汽车使用，从而起到保护和恢复自然资源的作用"[1]。

法国尼斯的垃圾分类

---

[1] 卡尔索普事务所，宇恒可持续交通研究中心，高觅工程顾问公司. 翡翠城市：面向中国智慧绿色发展的规划指南[M]. 北京：中国建筑工业出版社，2017.

有哪些关于"可持续基础设施"的政策文件？

2016年发布的《中共中央 国务院关于进一步加强城市规划建设管理工作的若干意见》提出，实施城市节能工程，在试点示范的基础上，加大工作力度，全面推进区域热电联产、政府机构节能、绿色照明等节能工程。

在地方层面，北京市提出控制能源消费总量，优化能源结构；加强固体废弃物收运，提升处理处置能力。坚持绿色发展、循环发展、低碳发展，全面推行源头减量、过程控制、纵向延伸、横向耦合、末端再生的绿色生产方式。推行清洁生产，发展循环经济，形成资源节约、环境友好、经济高效的产业发展模式。

济南市提出推动能源清洁高效利用，充分挖掘清洁能源潜力，优化能源结构，逐步提高非化石能源消费比重。打造低碳坚强的智能电网、灵活替换的燃气系统和多能互补的清洁供热体系。

深圳市要求建立多元低碳的能源系统，持续优化能源供应结构，逐步降低化石能源消费比重，推动绿色低碳循环发展，率先实现碳达峰。

深圳市重大市政设施布局指引图
来源：《深圳市国土空间保护与发展"十四五"规划》
　　　https://www.sz.gov.cn/zfgb/2022/gb1239/content/post_9731209.html.

12.2 规划设计目标与措施

通过开发可再生能源、推广资源回收再利用、提高公共基础设施的效率等手段，减少能源消耗、用水量和垃圾数量。

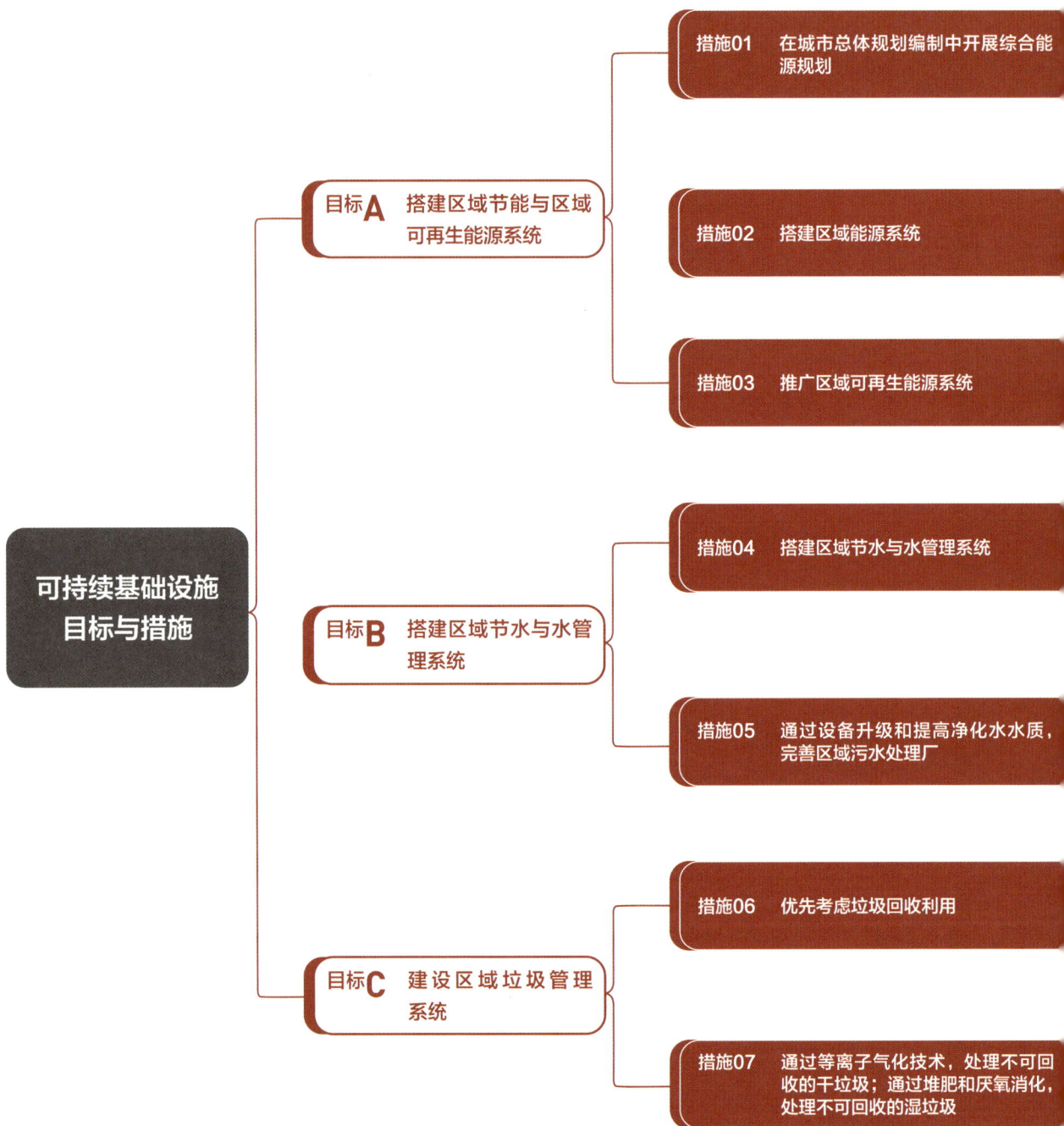

可持续基础设施目标与措施		
目标A 搭建区域节能与区域可再生能源系统	措施01 在城市总体规划编制中开展综合能源规划	
	措施02 搭建区域能源系统	
	措施03 推广区域可再生能源系统	
目标B 搭建区域节水与水管理系统	措施04 搭建区域节水与水管理系统	
	措施05 通过设备升级和提高净化水水质，完善区域污水处理厂	
目标C 建设区域垃圾管理系统	措施06 优先考虑垃圾回收利用	
	措施07 通过等离子气化技术，处理不可回收的干垃圾；通过堆肥和厌氧消化，处理不可回收的湿垃圾	

可持续基础设施目标与措施

◎ 编制综合能源规划，分析能源系统开发的影响因素，并考虑未来的能源消耗与产量。

◎ 在国家层面通过对各区域和城市进行研究，分析能源生产的来源，为区域尺度能源规划提供数据和信息。

◎ 在总体规划编制中制定城市可再生能源供应目标，提出能源结构转型手段，引入能源科技创新试点，定制短/中/远期可再生能源使用率目标。

◎ 推动城市在新建、扩建区域提供区域能源设施作为基础设施，要求在所有区域内建设区域能源设施，以提高整体效率，降低总体容量需求。

◎ 通过集中的能源供应设备来满足所有建设用地的需求。

◎ 利用潜力区域能源设施，整合可再生能源生产和智能电网，根

据一天内不同类型建筑的使用情况与可再生能源供应量调整负荷，形成有效和稳定的能源供应。

◎ 在设计区域能源设施时，可以并且应该采用不同的供热和供冷资源。季节性蓄热、深水冷源和电动热泵等能够以可再生的方式高效提供热能。

◎ 在规划过程中，分析城市区域可以生产的可再生能源，并提供选址和空间，把可再生能源供求纳入专项规划。

◎ 分析城市屋顶、绿地、农田、水体、海岸等空间与可再生能源生产项目整合潜力，提升空间作为能源生产载体的效率。

◎ 将气候韧性作为总体规划与专项规划内容，为城市应对未来气候变化带来的极端天气提供适应方案。

◎ 在城市更新项目规划和设计中引入气候韧性建设和极端天气应对方案，分析未来气候变化情景与风险管理理念，在规划中提供适应方案以降低损失。

◎ 持续推广实施"海绵城市"建设。通过海绵城市建设让城市空

间可以吸收、渗漏、过滤和存储雨水，还可以释放存储的雨水以供使用。

◎ 在规划方案中把城市公园、河流和景观纳入雨水管理系统。城市半自然的生态系统既为城市居民提供了休憩娱乐的场所，也是一种高效率的城市基础设施，可用于存储和净化雨水，还是将自然景观教育场所引入城市的良好机会。

◎ 在经济许可的情况下增加深度处理，减轻处理出水对于自然水环境的污染。此方法可以进一步去除微量COD、BOD，经过深度处理的污水可以降低对自然水体的水质影响及用量需求，有效保护自然水源水体。由于深度处理的运行和管理费用都较

高，此方法并不适合全范围推广。

◎ 探讨分布式污水处理的可能性。市政管网建设会带来较大的投资与运营成本。建设小型污水处理站是最好的选择，可以在本地完成污水的收集和处理，从而降低运营成本。

◎ 对于政府，强制执行和监督市政固体垃圾分类，建立垃圾分类制度；对于企业，鼓励减少包装，使用可回收包装材料；对于居民，鼓励和监督垃圾减量、垃圾分类回收。

◎ 将垃圾回收日历送到居民家中。垃圾回收日历中说明收集特定

类型垃圾的日期和时间，以及各种垃圾的详细分类。

◎ 提供激励与罚则：对未恰当进行垃圾分类的行为进行处罚，向遵守垃圾分类法律法规的企业发放补贴，奖励恰当进行垃圾分类的家庭和个人。

◎ 对剩余的不可回收垃圾进行处理，实现对环境的零负面影响。

◎ 使用等离子气化技术处理干垃圾，取代当前的垃圾处理方法。等离子气化不会产生废料，并生成可再生燃料。

◎ 湿垃圾经过恰当处理，可以重新变成有用的物料，如加工成肥料和沼气。

◎ 餐厨垃圾采取堆肥的方式进行处理。采用高温好氧容器式堆肥，可以加快发酵过程，还能有效抑制有害细菌的生长。此外，高温好氧堆肥可以实现很好的垃圾处理效果，同时还能节省空间和投资。

12.3 可持续基础设施的减碳效益分析

要推动建设可持续市政基础设施，降低城市碳排放量，需要了解在城市规划编制中如何计算、评估主要的市政基础设施的碳排放源头和排放量。计算框架主要包括以下几个碳排放源头：

- 可再生能源利用；
- 水资源管理；
- 废弃物处理；
- 道路设施管理。

以下综述了有关的市政基础设施基本碳排放活动量与计算方法框架[2]，从而使读者了解如何通过目标和措施达到控制排放量的主要考虑内容。

可再生能源利用

评估方法及流程

可再生能源的使用并不产生碳排放，所以理论上碳排放评估方法不需要计算相关的活动量。但可再生能源使用可以替代常规的化石能源，通过"碳排放替代"效应发挥减缓碳排放的作用。

为了增强可再生能源的使用效应和力度，建议把可再生能源纳入评估工作中，成为一项独立的评估内容，通过对其他各板块中，特别是建筑板块（例如屋顶光伏）和交通（例如电动车）的可再生能源的使用量进行整合统计，进而计算城区整体由于可再生能源替代相应常规能源的使用带来的二氧化碳减缓量，以确定城区中可再生能源的使用目标对碳减排的贡献。

统计方法及其对应的碳减缓量评估流程如图所示。

需要收集的活动量数据主要包括：

- 建筑与交通可再生能源使用量，单位：tce❶；
- 可再生能源替代的能源结构，单位：tce；
- 可再生能源替代能源种类的排放因子。

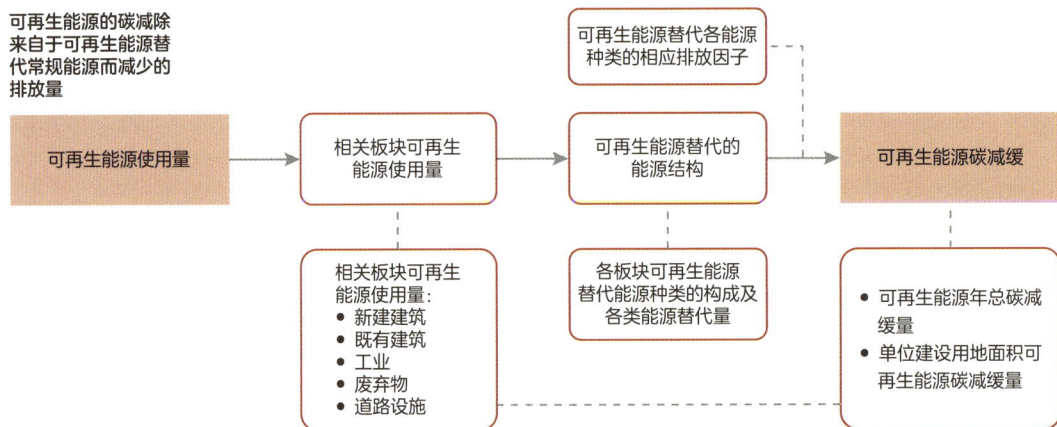

可再生能源碳排放替代评估框架
来源：叶祖达，王静懿. 中国绿色生态城区规划建设：碳排放评估方法、数据、评价指南[M]. 北京：中国建筑工业出版社，2015.

---

❶ tce：Ton of Standard Coal Equivalent，即吨标准煤当量。

水资源管理

评估方法及流程

水资源的碳排放量评估方法主要考虑供水（自来水和中水）和污水处理等在排水过程中的能源消耗产生的二氧化碳排放量。

城区内的供水构成是多元的，除市政供水外，个别地块或建筑物内可以有多种自行供水（再生水、雨水回用）方式。这些自给供水构成的能耗占城区整体总能耗的比例很小，同时有关能耗也已统计在建筑能耗中，因此本部分的碳排放计算只考虑市政供水（自来水和中水）以及市政排污水处理等能耗产生的碳排放。

处理设施运作和水运输的能耗，一般可通过对水处理事业单位的调研取得相关数据。

需要注意的是，在废水处理过程中，废水处理污泥会直接产生温室气体甲烷（CH_4）。要测算废水处理污泥直接产甲烷的排放量，可通过整理相关研究数据，但国内这方面的数据相对缺乏。可以采用《IPCC国家温室气体清单指南》中提供的公式计算废水处理过程中的温室气体直接排放量，并按建议值或缺省值选取排放因子。

由于这方面的数据相对缺乏，而在城区尺度的污水处理过程中产生的废水处理污泥量比较有限，为了简化相关测算，本书建议的基本碳排放评估方法不包括废水处理污泥排放部分。如果在实际规划评估时可以获得相关污泥处理工艺和数据并分解到城区层面，可以考虑把这部分的排放量纳入水资源板块。本部分案例可供参考。

需要的活动量数据主要包括：

- 居住人口，单位：人；
- 公共建筑面积，单位：m^2；
- 居住人口人均综合用水量，单位：L/（人·d）；
- 公共建筑单位面积综合用水量，单位：L/（m^2·d）；
- 自来水使用比例，单位：%；
- 市政中水使用比例，单位：%；
- 污水排放系数；
- 自来水供应排放因子；
- 中水供应排放因子；
- 污水处理排放因子。

统计方法及其对应的碳减缓量评估流程如下图所示。

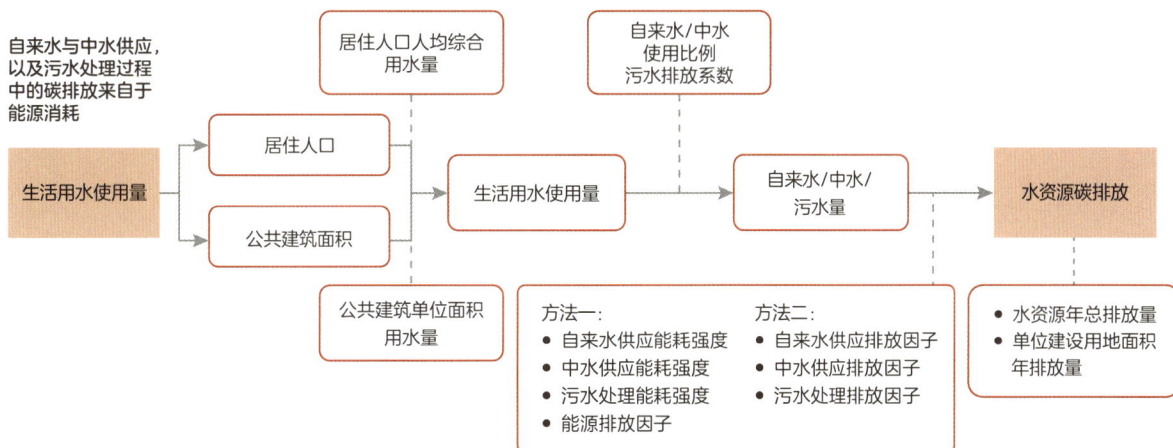

水资源管理碳排放评估框架
来源：叶祖达，王静懿. 中国绿色生态城区规划建设：碳排放评估方法、数据、评价指南[M]. 北京：中国建筑工业出版社，2015.

废弃物处理

评估方法及流程

废弃物的碳排放评估方法是根据生活垃圾总量，按不同处理方式估算其排放量，其中生活垃圾总量按照居住人口和就业人口及相应的人均垃圾产生量分别计算。由于工业生产在城区所占的比例很小，建议碳排放评估可不考虑工业废弃物处理部分。考虑到不同处理方式有不同的排放影响，建议把回收后的生活垃圾处理方式分为：

- 焚烧；
- 焚烧发电；
- 堆肥；
- 填埋。

生活垃圾的不同处理方式对应的排放因子采用国家和地方相关研究值作为参考数值，其中垃圾填埋等过程中产生的甲烷、一氧化二氮（N_2O）等均需要折算成二氧化碳当量（CO_2e）。另外，如果当地垃圾处理过程中同时会发电，垃圾焚烧发电处理中产生的电量将折算成二氧化碳排放量并抵消垃圾焚烧过程中产生的碳排放量。

需要的活动量数据主要包括：

- 居住人口，单位：人；
- 就业人口，单位：人；
- 居住人口人均生活垃圾产生量，单位：kg/（人·d）；
- 就业人口人均生活垃圾产生量，单位：kg/（人·d）；
- 处理方式（焚烧、焚烧发电、堆肥、填埋）比例，单位：%；
- 标准卫生填埋排放因子；
- 垃圾焚烧排放因子；
- 焚烧发电排放因子；
- 生物堆肥排放因子。

废弃物板块的碳排放评估流程如下图所示。

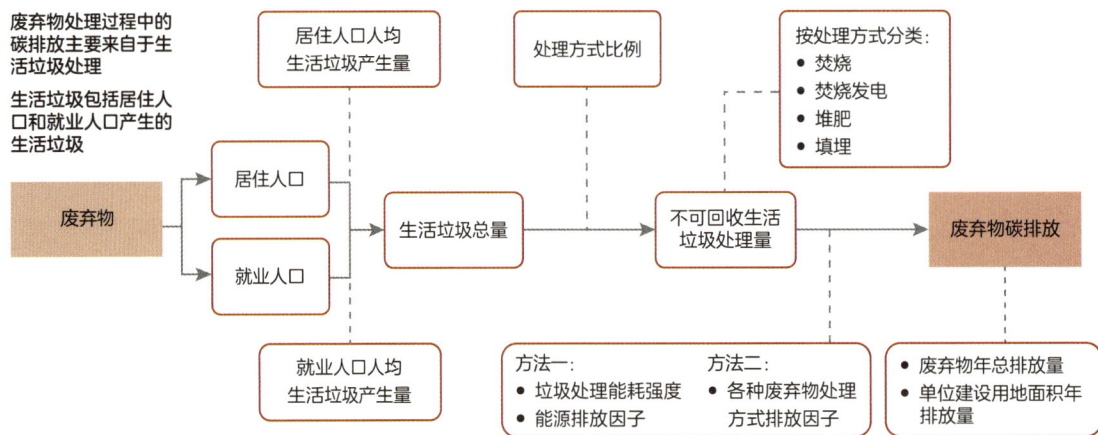

废弃物处理碳排放评估框架

来源：叶祖达，王静懿. 中国绿色生态城区规划建设：碳排放评估方法、数据、评价指南[M]. 北京：中国建筑工业出版社，2015.

道路设施管理

风光互补电源路灯等。

评估方法及流程

道路设施管理的碳排放主要是道路照明部分。在节能减排相关措施中，道路照明方面低碳技术的应用较为普遍和成熟，相关支持政策也比较明确，主要针对道路照明的耗能。因此，一般道路照明节能应用技术措施有：LED节能灯具、光伏电源路灯、

需要的活动量数据主要包括：

- 各级道路长度，单位：m；
- 各级道路路灯间距，单位：盏/m；
- 各级道路路灯布置方式；
- 单盏路灯能耗，单位：（kW·h）/（盏·a）；
- 可再生能源路灯比例，单位：%；
- 道路照明排放因子。

风光互补电源路灯
来源：https://www.imeche.org/news/news-article/uk-to-get-wind-and-solar-powered-hybrid-streetlights.

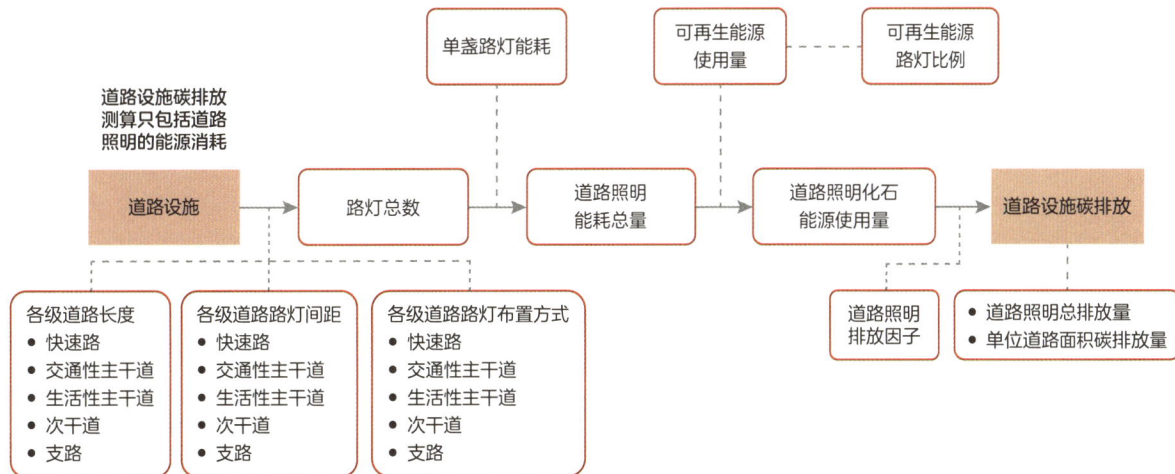

道路设施照明碳排放评估框架
来源：叶祖达，王静懿. 中国绿色生态城区规划建设：碳排放评估方法、数据、评价指南[M]. 北京：中国建筑工业出版社，2015.

12.4 参考研究与案例

本节梳理目前国内低碳市政基础设施目标与措施相关的碳排放量化评估研究和案例，通过总结研究要点和结论，为城市规划设计提供科学性、合理性及技术性的参考。

案例12A
2019年成都市水务系统碳排放总量分析

2019年成都市水务系统碳排放总量约为70.3万t，主要碳排放领域为污水处理系统。

本案例研究对成都市水务系统碳排放核算及减碳策略进行分析。通过构建成都市水务系统碳排放框架，基于大量统计数据，对水务系统中各个环节（取、制、供、排等）产生的直接及间接碳排放进行统筹核算[1]。

结果显示，2019年成都市水务系统碳排放总量约为70.3万t，主要碳排放领域为污水处理系统，其中污水处理及污泥处理处置环节的碳排放贡献最为突出。研究基于核算结果，对水务系统减污降碳目标及实现路径进行系统分析及定量测算，推进了水务系统减碳转型，为成都市及类似城市的"双碳"水务系统建设提供参考。

给水系统碳排放量测算结果：

- 成都市建设有规模较大的主力供水厂23座，市域内总供水设计生产能力为$5.47 \times 10^6 \mathrm{m}^3/\mathrm{d}$，2019年成都市全年总供水量为$1.14 \times 10^9 \mathrm{m}^3$。供水管网漏损问题较为严重，中心城区漏损率约9%，市域严重区域漏损率超过12%。供水厂处理工艺多采用传统的"混凝—沉淀—过滤—消毒"工艺。

- 2015—2019年，城市给水系统各部分的能耗和排放与年取（供）水总量呈正相关。2019年，成都市给水系统碳排放总量约为$7.15 \times 10^4 \mathrm{t}$。

污水系统碳排放量测算结果：

- 截至2019年，成都市范围内已建污水管网超过$19 \times 10^4 \mathrm{km}$，污水处理厂共247座，总处理能力$4.48 \times 10^6 \mathrm{t/d}$，实际处理水量$3.35 \times 10^6 \mathrm{t/d}$，负荷率约74.8%。污水处理工艺以A2O为主，污泥处理以堆肥和焚烧为主。2019年，成都市污水系统碳排放总量为$6.29 \times 10^5 \mathrm{t}$。2015—2019年，成都市污水量及污泥量逐年上升，碳排放总量也呈逐年上升趋势，与污水规模基本呈正相关。

- 污水系统年均碳排放量为$5.76 \times 10^5 \mathrm{t}$，主要来自污水处理环节，其年平均碳排放量为$2.81 \times 10^5 \mathrm{t}$，占比48.8%，其中有53%来自直接排放，47%来自间接排放。污泥处理处置环节碳排放量占比第二（29%），其年平均碳排放量为$1.67 \times 10^5 \mathrm{t}$，主要来自焚烧处理（65%）。

---

[1] 郑轶丽，马军，魏婷，等. 城市水务系统碳排放测算及减碳对策分析：以成都市为例[J]. 环境工程学报，2023（6）：1778-1787.

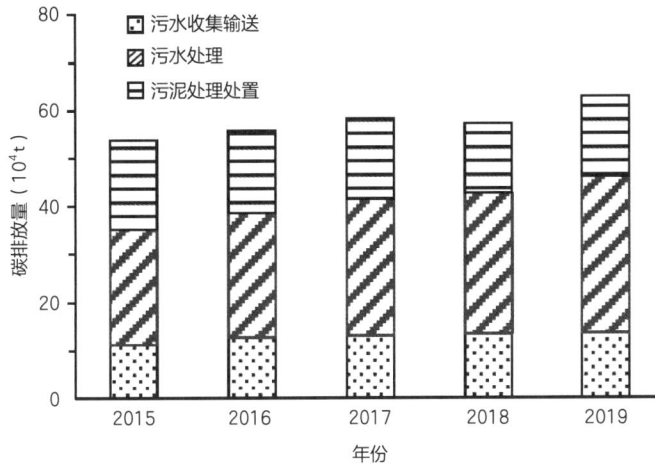

2015—2019年成都市污水系统各环节碳排放量统计

再生水系统碳排放量测算结果：

- 再生水系统与污水系统密不可分。一般而言，再生水系统指自污水处理厂出水起至用户为止的全部相关设施单元。再生水系统碳排放来自再生水厂处理设施的直接及间接排放，以及输配管网和泵站相关的间接排放。成都市再生水系统建设总体处于初步发展阶段，目前主要回用于河道、湿地的生态补水。由于污水系统处理环节的碳排放采用厂站总电耗计算，已包含再生水深度处理环节的碳排放，此处仅计再生水输配中由泵站提升而导致的电耗碳排放。

- 2015—2019年，成都市再生水系统的碳排放量与再生水回用量呈正相关，总体呈上升趋势。2019年，再生水系统碳排放总量约为 $2.6 \times 10^3 t$。

雨水系统碳排放量测算结果：

- 雨水系统碳排放核算边界覆盖自雨水源头排放开始至排入自然水体为止的全部设施单元，包括雨水排水管渠、泵站和其他转输设施，以及雨水控制设施中的绿色和灰色设施。就成都市实际情况而言，雨水系统基本为重力流，灰绿雨水控制设施较少。雨水系统碳排放主要来自排涝活动，即在城市下

穿隧道等地势低、没有良好可靠自流条件区域设置的雨水泵站，在暴雨时将汇流至隧道内的雨水收集后通过水泵压力排放至自然水体。泵站运行消耗电能，从而带来间接的碳排放。

- 成都市域共有138座雨水泵站，年电耗总量约为 $1.04 \times 10^6 kW \cdot h$，计算得出成都市雨水系统年碳排放总量约为 $256 tCO_2e$。雨水系统碳排放量主要取决于雨水径流量。成都市雨水系统能耗强度约为0.014（$kW \cdot h$）/m^3，吨水碳排放强度约为 $4gCO_2e/m^3$，远低于其他水系统。

核算分析总结：

- 就成都市水务系统整体而言，碳排放量最高的是污水系统，占系统整体的90%。各系统的碳排放强度差别也很大，最高的是污水系统，吨水碳排强度达 $0.52kg/m^3$。因此，污水处理的低碳化是整个水务行业转型的关键。

- 在不考虑减碳措施的前提下，水务系统碳排放总量与人口基本呈正相关关系。成都市2025年人口预计达2234万，常规情景水务系统碳排放总量估算为 $1.08 \times 10^6 t$。应用减碳措施，水务系统碳排放总量预测为 $9.44 \times 10^5 t$，相比常规情景减少12%。

苏州市区垃圾焚烧发电带来碳排放减少，碳减排强度为276.25kg/t；垃圾填埋处理碳减排过程为填埋气发电碳减排，填埋处理每吨垃圾减碳158.72kg。

2021年，苏州市区生活垃圾焚烧处置总量为204.83万t，填埋处置总量为11.21万t。其他垃圾以苏州市光大生活垃圾焚烧发电厂统筹处理为主，通过无害化焚烧发电的方式实现资源化利用，焚烧厂经提标改造后处理能力达6850t/d[1]。

本案例研究分析核算垃圾焚烧发电产生的碳减排，减排强度为276.25kg/t，减排总量为56585.01t；垃圾填埋处理碳减排过程为填埋气发电碳减排，填埋处理每吨垃圾减碳158.72kg，减排总量为1778.65t。生活垃圾焚烧处理和填埋处理碳减排量较为显著。

苏州市区生活垃圾焚烧处置核算边界包括三个处理环节：

- 收集中转运输过程；
- 焚烧发电；
- 烟气处理。

苏州市区生活垃圾填埋处置核算边界包括几个处理环节：

- 收集中转运输；
- 填埋场区；
- 填埋气发电。

苏州市光大生活垃圾焚烧发电厂
来源：https://www.cnenergynews.cn/huanbao/2023/02/01/detail_20230201130260.html.

---

[1] 王仕，夏金雨，蒋玉君，等. 垃圾分类下焚烧与填埋处理过程及碳排放核算——以苏州市为例[J]. 黑龙江环境通报，2023（10）：20-22.

研究结果显示：

- 苏州市生活垃圾焚烧处理碳减排总量达56585.01t，垃圾填埋气发电碳减排总量达1778.65t。
- 垃圾焚烧处理碳排放：每吨垃圾核算焚烧处理过程发电产生的碳减排量为276.25kg，具有一定的减排效应。
- 垃圾填埋处理碳排放：以每吨垃圾核算，填埋气发电处理碳减排量为158.72kg，具有一定的减排效应。

案例12C
2006—2019年中国废弃物领域的温室气体排放量分析

中国废弃物领域的年温室气体排放量从2006年的不到5538万t增加到2019年的17806万t，其中垃圾填埋场在温室气体排放中占大部分。城市固体废弃物焚烧产生的温室气体排放比例从2006年的7.8%上升到2019年的22.4%。

基于政府间气候变化专门委员会（IPCC）清单模型，本案例研究分析了2006—2019年中国废物领域的温室气体排放量。废弃物领域的年温室气体总排放量从2006年的不到5538万t增加到2019年的17806万t，其中垃圾填埋场在温室气体排放中占大部分。城市固体废弃物焚烧产生的温

太原生活垃圾焚烧发电厂
来源：https://www.archdaily.cn/cn/969887/tai-yuan-sheng-huo-la-ji-fen-shao-fa-dian-han-aia-life-designers?ad_medium=office_landing&ad_name=article.

室气体排放比例从2006年的7.8%上升到2019年的22.4%[1]。

随着更多的固体废弃物被填埋，产生的温室气体排放量从2006年的不到267万t增加到2019年的5564万t，贡献率从4.8%增加到31.2%。

从全国范围来看，华东地区的温室气体排放贡献最大，垃圾处理行业具有显著的温室气体减排潜力。这些发现表明，温室气体减排策略应基于每个地区的垃圾产生和处置情况、经济水平和运营管理水平确定。

案例12D
上海试点社区生活垃圾和残余垃圾处理研究

上海试点社区生活垃圾和厨余垃圾处理过程中的温室气体贡献分析结果显示，通过垃圾分类，垃圾填埋场的垃圾填埋负荷可以减少达17.3%。

本案例研究基于不同垃圾分类模式，对上海试点社区（2365个家庭）生活垃圾和厨余垃圾处理过程中的温室气体贡献（按碳排放量计算）进行了调查[2]。

分析中的生活垃圾和厨余垃圾处理方式包括：传统的混合焚烧（模式1）转变为分离处理。两种典型的处理分类餐厨垃圾和其他垃圾的模式为"垃圾分类+原位减少餐厨垃圾"（模式2）和"垃圾分类+餐厨垃圾厌氧消化"（模式3）。

上海山北小区垃圾房

---

❶ BIAN R, et al. Greenhouse gas emissions from waste sectors in China during 2006—2019: Implications for carbon mitigation[J]. Process Safety and Environmental Protection, 2022(5): 488-497.

❷ CHEN S, et al. Carbon emissions under different domestic waste treatment modes induced by garbage classification: case study in pilot communities in Shanghai, China[J]. Science of The Total Environment, 2020(5): 137193.

通过垃圾分类，垃圾填埋场的垃圾填埋负荷分别减少了17.3%（模式2）和16.5%（模式3），用于焚烧垃圾的用水减少了13.6%，垃圾的低热值（LHV）增加了16.2%。

应用全生命周期评估（LCA）方法和具有材料流动的生命周期清单（LCI），发现垃圾处理过程中的净碳排放量从小到大顺序如下：

- 模式3：垃圾分类＋餐厨垃圾厌氧消化；
- 模式2：垃圾分类+原位减少餐厨垃圾；
- 模式1：传统的混合焚烧；
- 垃圾填埋场。

案例12E
对中国662个城市的四类城市道路进行了照明设计要求以及太阳能和风能资源的城市特定可用性分析

对中国662个城市的四类城市道路的分析结果显示：使用可再生能源技术的一组街道灯具产生的温室气体排放增量为475～1631kgCO_2e。

道路照明对于为驾驶员和行人创造安全环境至关重要。随着中国城市化的不断推进，路灯设施数量的增加将加剧城市地区的能源和环境负担。采用节能照明灯具和使用可再生能源可以提高城市道路照明的温室气体减排潜力，有助于低碳城市环境的发展[1]。

本案例研究使用自下而上的方法来估计使用LED灯具取代目前的高压钠灯（HPS），以及太阳能—风能混合路灯、太阳能路灯和风能路灯相关的温室气体减排潜力。

研究对中国662个城市的四类城市道路进行了分析，具体考虑了灯具规格、照明设计要求以及太阳能和风能资源的城市特定可用性。

结果表明：

- 使用可再生能源技术的一组街道灯具产生的温室气体排放增量为475～1631kgCO_2e，温室气体回收期为1.7～7.7年，具有较好的环境成本效益。
- LED灯的使用和可再生能源的利用每年可减少2120万t碳排放量，减碳效益主要体现在支路（38%）和主干道（31%）照明。
- 研究对象城市中，地级市可以实现56%的温室气体减排潜力，约11900万tCO_2e/a。华东地区特别是江苏省和山东省，具有最大的温室气体减排潜力。大连、上海和天津温室气体减排潜力排在前列。

---

[1] CHANG Y, et al. Mitigating the greenhouse gas emissions from urban roadway lighting in China via energy-efficient luminaire adoption and renewable energy utilization[J]. Resources, conservation and recycling, 2021(1): 105197.

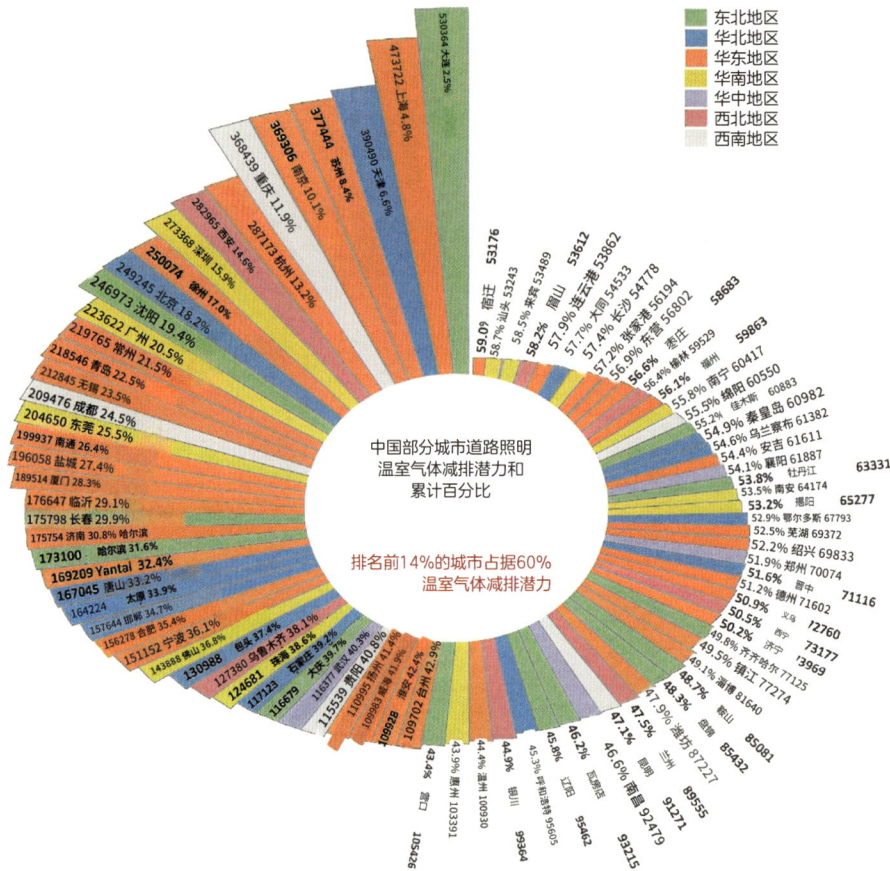

中国部分城市道路照明温室气体减排潜力（tCO$_2$e/a）和累计百分比（%）

案例12F
上海市某社区海绵城市项目的生命周期碳排放核算

上海市某社区海绵城市项目的生命周期碳排放核算结果显示：在30年的使用寿命内，间接碳排放量估计为774277kgCO$_2$e。项目达到碳中和预计约需要19年。

采用以《IPCC国家温室气体清单指南》为基础的模型，本案例研究预测了上海市某实际居住的某社区海绵城市项目的生命周期碳排放[1]。

结果显示，在30年的使用寿命内，项目间接碳排放量约为774277kgCO$_2$e，其中运行和维护阶段

的年碳排放量分别为2570kgCO$_2$e以及7309kgCO$_2$e。

该海绵城市项目可实现的碳汇包括：绿地中的碳封存（5450kgCO$_2$e/a），雨水利用的碳汇（15379kgCO$_2$e/a）和径流去除污染物的碳汇（19552kgCO$_2$e/a）。预测项目达到碳中和大约需要19年。

---

❶ LIN X, et al. Prediction of life cycle carbon emissions of sponge city projects: a case study in Shanghai, China[J]. Sustainability, 2018, 10: 3978.

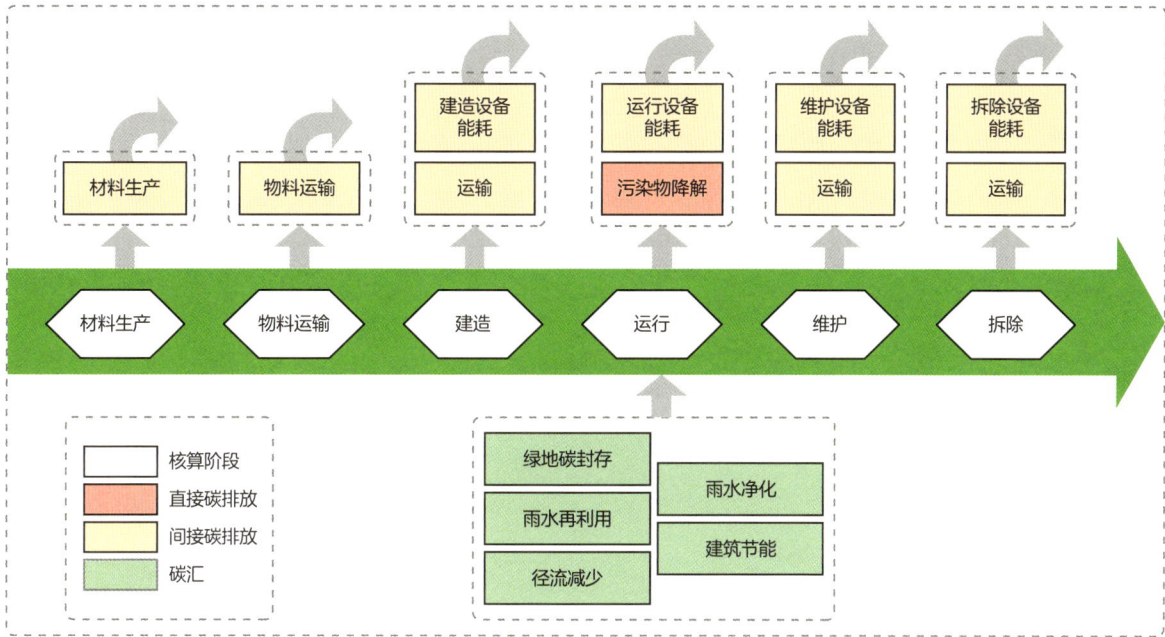

社区海绵城市项目碳排放核算边界与清单